藍學堂

學習・奇趣・輕鬆讀

NEEL MEHTA × PARTH DETROJA × ADITYA AGASHE

SWIPE TO UNLOCK

The Primer on Technology and Business Strategy

GOOGLE、臉書、微軟專家
教你的66堂科技趨勢必修課

尼爾·梅達 × 帕爾·德托賈 × 阿迪亞·加傑 —— 著

劉榮樺 —— 譯

獻給一直提供我靈感的朋友，也給一直當我後盾的家人。

—— 尼爾

獻給我的家人與朋友，感謝支持我對商業的熱情，並且驅走我的恐懼，使我得以擁抱企業家精神。

—— 阿迪

獻給我的朋友的與家人，感謝對我永不終止的支持，以及我的導師德博拉·史崔特相信我的眼光，使得這本書出版成真。

—— 帕爾

在你成長的過程當中，往往有人告訴你世界運行的方式，以及你只是在這個世界當中活著，試著別去衝撞這個世界的圍牆，試著有個美好的家庭，過得開心，存一些小錢。這是非常受限的人生。人生可以更為寬廣，一旦你發現一個簡單的事實，就是圍繞你的每件事，也就是你所謂的人生，都是由並不比你聰明的人所完成，並且，你可以改變它、可以影響它、可以做屬於自己的事，然後別人會用得上……這或許就是最重要的事。甩開這個錯誤概念：將人生視為原本就存在，而你只是要活在當中，相反地，擁抱它、改變它、改進它，在上面加上你的印記……當你了解到這件事，你就會和過去不一樣了。

—— 史帝夫·賈伯斯

（順道一提，他並沒有為蘋果公司寫過任何程式碼）

目錄

推薦序 | 提升科技識讀力的友善讀本　齊立文　011

推薦序 | 科技，就要簡單說　鄭國威　014

推薦序 | 網路時代中的探索起點　Lynn　017

推薦序 | 像賈伯斯一樣思考！
　　　　秒懂現在及未來的科技、商業與影響　簡妙如　019

推薦序 | 滑動解鎖：從小故事看大時代　林冠明　021

寫在前面　023

第1章　軟體開發

主題 01 | 谷歌的搜尋功能是如何運作的？　029

主題 02 | Spotify 如何推薦歌曲給你？　032

主題 03 | 臉書如何決定哪些內容出現在你的動態消息當中？　035

主題 04 | 哪些科技優步、Yelp 與寶可夢 GO 都使用？　039

主題 05 | 為什麼 Tinder 要你用臉書帳號登入？　042

主題 06 | 為什麼《華盛頓郵報》的文章都有兩種版本的標題呢？　044

第2章　作業系統

主題 07 | 為什麼黑莓失敗了？　048

主題 08 | 為什麼谷歌讓手機製造商可以免費使用安卓作業系統呢？　050

主題 09 | 為什麼安卓手機預先安裝許多垃圾應用程式？　053

主題 10 | 全世界第三大的手機作業系統是哪一個？　057

主題 11 | Mac 電腦會中毒嗎？　061

第3章　應用程式經濟

主題 12 | 為什麼幾乎每個應用程式都是免費下載的呢？　064

主題 13 | 臉書如何賺進十幾億的財富，但不需要向使用者收取一分錢？　070

主題 14 │ 為什麼新聞網站有很多「贊助新聞」呢？ 074

主題 15 │ Airbnb 如何賺錢？ 076

主題 16 │ 羅賓漢 app 如何讓你進行股票交易，但是不需要付手續費？ 077

主題 17 │ app 如何在不顯示廣告與向使用者收費的情形下賺錢？ 078

第4章　網際網路

主題 18 │ 當你輸入「google.com」並且按下輸入鍵，會發生什麼事？ 080

主題 19 │ 在網際網路上傳送訊息，是如何像遞送辣椒醬一樣？ 085

主題 20 │ 資訊如何選擇從一台電腦到另外一台電腦的路徑？ 088

主題 21 │ 為什麼華爾街的交易員要到阿勒格尼山向下鑽洞，來建立一個直達的光纖網路線？ 090

第5章　雲端運算

主題 22 │ 谷歌的雲端硬碟如何跟優步一樣？ 093

主題 23 │ 「雲端」檔案是存活在哪裡？ 095

主題 24 │ 你為什麼不能再擁有 Photoshop？ 098

主題 25 │ 為什麼微軟會有取笑 Office 軟體的廣告？ 102

主題 26 │ 亞馬遜的網路服務是如何運作？ 104

主題 27 │ 當新的節目開播的時候，網飛如何處理暴增的觀眾呢？ 107

主題 28 │ 一個打錯的字，如何讓 20% 的網站下線？ 109

第6章　大數據

主題 29 │ 塔吉特超市怎麼會比她父親更早知道有個少女懷孕？ 112

主題 30 │ 谷歌與其他大公司是如何分析大數據？ 115

主題 31 │ 為什麼亞馬遜的價格每十分鐘變一次？ 117

主題 32 │ 這些公司擁有這麼多資料，是好事還是壞事？ 119

第7章　駭客入侵與安全性

主題 33 │ 罪犯如何控制你的電腦來勒索你？ 121

主題 34 ｜ 人們如何在網路上販賣毒品以及偷來的信用卡？　125

主題 35 ｜ WhatsApp 如何徹底加密你的訊息，甚至連它們自身也無法讀取？　131

主題 36 ｜ 為什麼 FBI 要控告蘋果公司以入侵 iPhone？　134

主題 37 ｜ 假的無線網路如何幫助某些人偷取你的身分？　136

第8章　硬體與機器人

主題 38 ｜ 什麼是位元、KB、MB 與 GB？　140

主題 39 ｜ 中央處理器、記憶體與其他電腦以及手機的規格是指什麼？　141

主題 40 ｜ 為什麼蘋果公司要讓舊的 iPhone 降速？　148

主題 41 ｜ 你是如何用指紋解鎖你的 iPhone？　150

主題 42 ｜ Apple Pay 是如何運作？　151

主題 43 ｜ 寶可夢 GO 是如何運作？　155

主題 44 ｜ 亞馬遜是如何設法做到一個小時到貨？　156

主題 45 ｜ 亞馬遜如何能將商品在半小時內送達？　157

第9章　商業動機

主題 46 ｜ 為什麼 Nordstrom 提供免費無線網路？　161

主題 47 ｜ 為什麼即使虧錢，亞馬遜也要提供 Prime 會員免運費服務？　166

主題 48 ｜ 為什麼優步需要自駕車？　169

主題 49 ｜ 為什麼微軟要收購領英？　171

主題 50 ｜ 為什麼臉書要買下 Instagram？　175

主題 51 ｜ 為什麼臉書要收購 WhatsApp？　176

第10章　新興市場

主題 52 ｜ 哪個國家是西方科技國家最想擴張的對象？　178

主題 53 ｜ 肯亞如何使用功能型手機支付所有東西？　186

主題 54 ｜ 微信如何成為中國官方應用程式？　188

主題 55 ｜ 在亞洲如何靠一個 QR Code 支付所有東西？ 191

主題 56 ｜ 西方跟東方科技公司的策略差異是什麼？ 195

第11章　科技政策

主題 57 ｜ Comcast 如何販售你的瀏覽紀錄？ 199

主題 58 ｜ 免費的手機資料流量如何傷害消費者？ 202

主題 59 ｜ 一個英國醫生如何讓谷歌從搜尋結果當中移除其醫療疏失？ 207

主題 60 ｜ 美國政府如何從稀薄的空氣中賺取數十億美元？ 210

主題 61 ｜ 企業如何承擔資料外洩的責任？ 213

第12章　前進中的趨勢

主題 62 ｜ 自駕車的未來是什麼？ 216

主題 63 ｜ 機器人會奪走我們的工作嗎？ 221

主題 64 ｜ 你如何製作影音假新聞？ 225

主題 65 ｜ 臉書為什麼要買下一家製作虛擬實境頭盔的公司？ 227

主題 66 ｜ 為什麼很多公司害怕亞馬遜？ 229

結論 235

名詞解釋 237

致謝 254

附註 255

提升科技識讀力的友善讀本

齊立文

進入 2020 年的第一個月，谷歌（Google）的母公司 Alphabet 在 1 月 16 日，加入了蘋果（Apple）、亞馬遜（Amazon）與微軟（Microsoft）的陣營，成為美國史上第四家市值突破一兆美元的企業（亞馬遜曾於 2018 年市值破一兆美元，目前約 9,245 億美元）。

你有沒有想過，在每天的尋常日子裡，食衣住行育樂各行各業裡，曾經有來自哪些產業的公司，在全球的市值排行榜上名列前茅，像是石油、汽車、零售、百貨、金融、科技？又曾幾何時，前面提到的四家兆元俱樂部成員，以及包括臉書（Facebook）、阿里巴巴、騰訊在內的科技大廠，幾乎已經成為全球企業市值排行前十名的固定成員？

就算你從沒想過，但是你其實正在、甚至可以說已經參與了這樣一個商業地貌的成形。每個人天天都活在科技中，每家公司未來都是科技業。

不知不覺的 app 人生

幾乎從張開眼睛的那一刻起，手機鬧鈴叫醒你，起床第一個碰觸的物件，就是手機。出門前，你要看天氣、查公車到站時間、行車路線；出門後，路上要聽音樂（音頻）、聊天、追劇、看社群媒體。

仔細想想，在這短短一小時間，你沒離開過、也離不開手機、網路和 app。如果再將時間拉長到一天 24 小時，你工作、開會、買東西、吃東西、去運動，甚至躺平睡著沒辦法滑手機時，你可能都還用了 app 在監控自己的睡眠品質。

你還記得、又能想像 iPhone 其實是在 2007 年 1 月才問世的嗎？就在這短短十幾年間，人類的生活與習慣就起了這麼大的變化，「新常態」很快就成了常態，「手機錢包鑰匙」成了現代人出門前的自我提醒口訣，說不定很快地就只剩下手機了。

當然，討論科技對社會方方面面的衝擊，由來已久，一點都不新鮮，總是隨著技術的迭代更新掀起一番熱議，也總是會帶來正面和負面兼具的作用力。

不過，近三十年來伴隨著網際網路普及而興起一連串科技趨勢的演變，其滲透力和影響力的範圍之廣，已經不限於一時一地、一個產業或一個國家，而是動輒全球範疇，並且速度之快就在轉瞬之間。

更值得關注的是，當我們嘗試展望未來人類的生活樣貌時，不管你想到的是人工智慧（AI）、雲端、大數據、自駕車、機器人、無人機、虛擬實境（VR）、擴增實境（AR）……前面提到的那幾家科技巨擘，早已經展開布局，他們不只已經在「預測」你現在會買什麼、吃什麼、看什麼，在未來也將如影隨形，甚至「預先塑造」你的生活世界。

FAAMG 如影隨形的未來

影響人類生活的科技和企業有很多，為什麼要一直點名 Facebook、Amazon、Apple、Microsoft、Google 這幾家大公司？

除了他們是目前商業影響力最大的企業，最主要的原因是，在閱讀這本書的過程中，你會更清楚地發現，這些巨人們不但已經運用他們的終端產品和服務，在全世界吸引幾億、甚是數十億的用戶，許許多多你日常使用的 app，即使表面上看似與他們獨立、不相干，像是追劇的網飛（Netflix）、叫車的優步（Uber）、聽音樂的 Spotify、訂民宿的 Airbnb，實際上這些公司賴以順暢營運的基礎建設，也都與這些公司大有關聯。

　　檢視本書三位作者的工作經歷，他們正好都待過 FAAMG 這幾家公司，由他們來解說對於人類的現在與未來影響深遠的諸多科技，確實可以帶來不一樣的洞察。

　　首先，他們對於科技趨勢的 what 層面，有比較細緻的處理。有別於字典式或名詞解釋式的生硬說明，作者們顯然站在讀者或科技使用的角度來思考，用提問的方式（例如「Spotify 如何推薦歌曲給你？」「Airbnb 如何賺錢？」「新節目開播，網飛如何處理暴增的觀眾？」），帶領讀者既了解趨勢現況，又能夠解讀背後的技術原理。

　　其次，透過每一個問題（why），作者們更帶領讀者進一步省思企業決策的背後盤算（how），以及對於社會的長遠衝擊和意涵（例如「為什麼微軟要收購 LinkedIn ？」「亞馬遜如何將商品在半小時內送達？」「這些公司擁有這麼多資料，到底是好事還是壞事？」）。

　　最後、也最難得的是，書中的每一個技術名詞，都用了非常淺白的文字、貼近生活的例子做類比，我在閱讀過程中，幾乎不曾因為看不懂科技行家的專業術語，而產生「自己笨」的念頭，或要請他們「說中文」「講人話」。我想這也是在提高「科技識讀力」上很重要的一道門檻。

　　　　　　　　　　　　　　　　　　　　（本文作者為《經理人月刊》總編輯）

科技，就要簡單說

鄭國威

「數位落差？那是啥？」

在 2006 年，我與一群部落客（blogger，一個被遺忘的名詞）成立了台灣數位文化協會，當時我們這群宅宅執著於要讓更多台灣人知道在矽谷發生了哪些大事、哪些足以改變全世界的趨勢正在我們眼前發生，因此我們以這個協會為基礎，開始寫文章、辦活動，但很快我們就發現，這樣完全不行。

現在或許很難想像，在我開始寫部落格的 2005 年，若離開都市圈，知道維基百科的人其實不多，台灣大部分人還是以 Yahoo 奇摩為主要的搜尋入口網站，有 flickr、推特（Twitter） 或臉書帳號的人，都是一群現實生活中沒朋友的怪咖（就像我們一樣），YouTube 都還未成氣候，而台灣每一個 BSP（部落格服務提供商，另一個被遺忘的名詞） 都開始成立自己的照片與影音上傳平台。草根媒體（grassroot media，對，也是被遺忘的名詞）方興未艾，Web 2.0 （我懶得繼續加註了） 、Ajax……等既是趨勢又是技術的化外之物，在我們這些人口中跟哈囉你好一樣，每天都要提個幾遍，現在回想起來，大概是因為我想藉由這樣做，模擬自己來自未來，跟光速飛行的矽谷接軌，吸引更多人一起登上火箭。

可是，光是這樣做，並沒有用。我們只是在小到不行的圈子裡互丟每天都在誕生跟死亡的新名詞，離開我們那其實沒多少讀者的部落格，根本沒人在乎。於是我們當中有人突發奇想：「我們到偏鄉去，教他們！」

儘管後來這個莽撞的計畫 ——「胖卡 Puncar Action! 數位落差行動車」——成為我們協會最成功、延續至今未間斷的計畫，但一開始實在是亂

七八糟。想像一下，若你站在當時還是台南縣的某漁村廟口，眼前聚集了你努力宣傳找來的十幾位里民，平均年齡 六十歲，你該如何讓他們跟矽谷接軌？更根源的問題是，他們有什麼必要去知道這些有的沒的？

當然，我們沒放棄，而是想出了辦法，跟在地社群一起討論，了解他們的需求，發現他們不分男女老少、原住民還是新住民，其實跟我們這群宅宅一樣清楚世界因科技在快速改變，而且充滿學習熱情，為了回應這股熱情，我們才得以練就一身用簡明語言說科技的功夫，也發現數位落差不是差在有沒有電腦或智慧型手機，而是差在有沒有了解科技、並利用其力量跟效率來創作與連結的意圖。後來「長輩圖」成為網路話題，許多人納悶怎麼回事，然而替長輩上過無數堂攝影與修圖課的我們，倒是覺得滿驕傲。

也因此，當我看完這本《Google、臉書、微軟專家教你的 66 堂科技趨勢必修課》，我馬上就覺得一定要大力推薦。一來本書三位作者分別來自矽谷三大科技巨頭 Google、臉書、微軟，都擔任關鍵的產品經理角色，此一職位得讓工程師、行銷、設計等不同專業能夠好好溝通，讓產品得以誕生，必然最具有將科技轉譯的能力。再者，本書章節安排適當，讀來好像熟悉的科普書十萬個為什麼，直讓我覺得本書早該問世，而且選出的 66 個主題相互連貫，案例新穎，從中既能獲得基礎須知，也有來自矽谷業界的第一手觀察。

十多年後，人人都有智慧型手機的此刻，數位落差看似已自然消散，但其實挑戰更加嚴峻。科技已經滲透到生活中的方方面面，數十億人對手機與社群網站上癮，資訊焦慮，又困於假訊息、過度監控，與隱私問題。各國政府皆開始反思矽谷企業的負面影響，但又不得不仰賴這些平台，只因我們雖然都是「使用者」，卻不知道自己利用了什麼，或被誰利用了。本書雖不以批判為主軸，但提供了每一個被科技圍繞、滲透的庶民，用知識武裝自己的契機。

　　不管是身為員工要職場突圍，還是做為老闆要數位轉型，不妨捫心自問，如果覺得自己其實對日新月異的科技名詞跟趨勢也是似懂非懂、不懂裝懂，那麼我誠摯推薦本書。如果你覺得自己已經很行，那麼檢驗方式很簡單：試著對自己的爺爺奶奶爸爸媽媽解釋一下手機的 app 怎麼賺錢、叫車跟外賣 app 的運作方式是什麼，或是 Google 翻譯是怎麼實現的吧，如果他們聽懂了，你就算是真的行！不然，就看看這本書吧！

（本文作者為泛科知識公司知識長、台灣數位文化協會理事長）

網路時代中的探索起點

Lynn

當你每天使用智慧型手機透過 Google 搜尋網頁資訊、在串流平台上享受音樂、偶爾打卡分享生活、傳訊息給朋友、下載有趣的手機遊戲；或是使用購物網站線上支付後，隔天起床就能踢到門口前的包裹。幾乎所有生活大小事都能透過網路解決，不但快速又方便。

「網路時代」讓我們的生活變得如此便利。在這些習以為常的生活當中，你有沒有想過——為什麼臉書跟 Google 的服務統統免費，卻是全球賺最多錢的科技巨頭？大多數的 app 都是免費的，他們如何在數位世界中營利？甚至是當你隨便搜尋一個商品，網頁或是社群平台是怎麼抓取並填充你感興趣的相關產品廣告？

更重要的是，你有沒有思考過生活中其實蘊藏更多科技、樂趣以及機會？舉例來說，與生活周遭有關的公司，像是 Google、臉書、亞馬遜、微軟、蘋果等科技公司之所以如此龐大，是因為我們都在使用這些公司的服務與產品，讓他們徹底融入了所有人的生活，從中挖掘出龐大的商機。

若能弄懂科技與網路的原理，以及他們是如何影響我們的生活，那你便成功踏出了獨立思考的第一步。一如當初我選擇開始經營《寫點科普，請給指教》的初衷，就是希望人們可以隨時對生活保持熱情，期許能藉由網誌傳遞好奇、探究、思考的價值。

我今天要推薦的《Google、臉書、微軟專家教你的 66 堂科技趨勢必修課》一書，便是帶領讀者從生活化的例子出發，以簡單且直白的方式解釋其中的運作原理與商業動機，逐步解構這些科技公司如何實現創新的服務功

能，包括用新穎的行銷手法吸引使用者，接著再利用獨創的商業模式獲利，漸漸構築成我們今日的數位生活。

最讓我印象深刻的內容，包括本書並不只專注於美國的網路產業，它還將範圍延伸到了中國、印度、東南亞，甚至是非洲，打破新興國家網路不發達的刻板印象，事實是他們跳過了傳統電腦的階段，行動裝置直接融入生活。以非洲而言，肯亞雖然金融體系匱乏、人們沒有銀行帳戶，卻是電子支付最興盛的國家，人們可以用功能型手機及電信商提供的服務進行轉帳、貸款與繳費。

網路是個不斷變遷的產業，全球每個地區都形成獨特的生態系，這本書從成熟的西方科技公司出發，以生活化的例子引導讀者逐步探索網路服務的原理、各家科技巨頭的商業模式與網路產業趨勢，最後當你了解箇中奧妙後，讀者又被帶領到更廣大的新興市場，面對充滿機會、多變與魅力的異國市場，你將發現探索永不停止。

當看完這本書，讀者對於網路產業會具備基礎的入門知識。但這並不代表讀者即能對答案產生滿足感，而是要被激發出更多對生活的疑問。《Google、臉書、微軟專家教你的66堂科技趨勢必修課》如同角色扮演遊戲中的新手村裝備，你將穿上它展開更精采的冒險—— 它將是每一位讀者在網路時代中的探索起點。

（本文作者為《寫點科普》部落格主）

像賈伯斯一樣思考！
秒懂現在及未來的科技、商業與影響

簡妙如

　　別再說自己是電腦白痴，或科技與你無關這種話了！當然，現在很少人好意思這樣笑話自己。畢竟每天滑手機、使用社群媒體，或是 LINE 免費通話，線上購物，卡片嗶一聲就能行動支付。各種科技應用的全面商業化，已是我們每日生活的現在進行式。

　　本書三位作者將 21 世紀影響我們深遠的科技世界產品及其商業策略，以基本知識（軟體如何開發、網際網路怎麼運作、應用程式 app 商業模式）、基本組成（大數據、雲端運算、安全性以及相類似的內容）及未來趨勢（商業策略、新興市場、科技政策與科技的下一步）三大部分，做了巨細靡遺、卻又言簡意賅的介紹。三位作者都擔任過不同科技產業領域的產品經理，很能由使用者的角度，淺顯易懂地說明這些賦予科技世界力量的軟體、硬體等核心技術是什麼，以及說明其為什麼這樣做、這麼設計的商業理由。

　　不是理工人、不是相關領域工作者，完全不妨礙我們一樣可擁有商業科技如何運作的基本素養。只要你／妳是這些科技應用服務的使用者，你就已是這些科技產品及軟體不斷在分析瞄準的對象，已被這些科技所形塑。

　　比如我愛用的 Spotify，一向被稱讚為比你更了解你的音樂品味。看了書中的介紹，我了解了 Spotify 的核心技術，了解它著名的「每週探索」（Discover Weekly）推薦歌單是怎麼來的。Spotify 聘用很多音樂專家，再以「協同過濾」演算法，結合一部分你輸入的歌單，以及一部分與你品味檔案類似的人的歌單，就能神奇地為你製作個人化推薦曲目；你雖沒聽過、但卻符合你的喜好。此外，我也知道了 Spotify 為何要投資在推薦歌單上。原

來，雇用工程師建置這樣的推薦引擎，成本很高。但因為每個音樂串流平台都擁有龐大的音樂曲庫，只要有錢去買音樂授權，各平台都差不多，但如果有厲害的協同過濾推薦，你就能與眾不同。因為個人化的推薦令用戶黏著度更高，一旦用戶生產了許多個人播放清單，他們也不會輕易改用其他家音樂服務，這就是高轉換成本（switching cost）的創造。因此，Spotify 就是以這樣的強力推薦系統，個人化的播放清單，拉開它與競爭對手的差距，這是很厲害的商業策略。

看了這本書的內容，大致都能在上述兩個面向獲得了解：不只是科技，而且還是這些科技背後的生意算盤、商業策略。非常像原英文書名《Swipe to Unlock》所形容：立即解鎖、秒懂科技及其商業策略。

而看了這本書，我們也會有滿實用的雙重助益。一方面，了解演算法、大數據、雲端等原理，我們會有關於科技世界如何運作的洞察力，如作者們建議，這也是同時獲得一些工具，讓我們可以開始了解、分析與形塑科技，甚至用來在科技公司尋找一份非工程師的工作職位，像賈伯斯一樣。但我們也可以變身為更有科技、數位素養的公民，讓自己去關心未來的工作、生活如何被科技及其背後的商業利益所攪亂或操控。比如書中最後一部分談的科技與社會的關係，談被遺忘權、開放資料的政治與政策、談機器人是否奪走工作；談亞馬遜如何由貨運及倉儲基礎設施，造就它令對手們畏懼的超強競爭力，因為它，不只是一家科技公司。這些議題，都需要更多具有數位素養的公民能參與議論，才更能促使政府規畫適當的政策。

我很喜歡這本書的前言對賈伯斯那段話的引用：「擁抱它、改變它、改進它，在上面加上你的印記」，還有那則註解：「順道一提，他並沒有為蘋果公司寫過任何程式碼」。這應該能鼓舞很多人，一如你我，讓這個已越來越由科技所打造的世界，有更多我們的情感、理智與人性可投入的印記。

（本文作者為中正大學傳播學系教授、新媒體傳播及流行音樂研究者）

滑動解鎖：從小故事看大時代

林冠明

《Swipe to Unlock: The Primer on Technology and Business Strategy 》是本書原文書名，意為「滑動解鎖：初探科技與商業策略」。但對我而言，閱讀本書更像是由一篇篇精采的真人實事，建構一幅當代科技地景鳥瞰（cyberscape）。例如，高頻交易（high-frequency trading）的戰爭，從炸山拉光纖的傳奇，竟又晉級到長程無線訊號；微軟以天價收購領英，整合為其商務解決方案產品……這些故事讓我驚嘆：我們竟活躍在如此古靈精怪的點子年代！

台灣也曾共生在這個數位大航海時代。趨勢防毒軟體、跟雅虎同期的中文搜尋蕃薯藤與網擎，奇摩甚至統治過台灣網路拍賣等各大入口網站，到今天仍然活躍新聞版面的 PTT、取代簡訊的噗浪……可惜台灣的網路科技企業幾乎沒有發大財的，遑論面對國際競爭。網路新創在台灣待遇遠遠不如代工業，想存活還不如被中國挖角。政府與龍頭產業，不重視全球科技商機時，台灣的科技企業轉型，往往喧嘩一時後，馬上面臨寒冬經營危機。

而台灣也在本書缺席，既不在歐美科技產業的高速進化範圍內，也沒能列席由中國、印度、東南亞領導的新興市場討論。我寧可將這個現象視為警鐘。台灣的代工產業發達已久，但代工鏈西移、成功模式無法複製時，我們曾經引以為傲的代工產業，已經不再能領航未來了。從政府到產業菁英，勢必要對科技經濟的運轉，有著劍及履及的精準判斷，並對創意與軟體等無形資產加以維護。唯有了解科技經濟運作的方式，才能幫助我們規畫策略，促進資金投入產業轉型，以留住未來科技產業，如自駕車、共享經濟、區塊鏈

市場與安全等，在台灣蓬勃發展。

　　而第一步，就是善用本書。

　　如果您跟我一樣具備科技背景，那麼本書前四章關於手機應用程式（app）、網際網路等知識可能只是複習；但請務必不可錯過第九到十二章的商業策略、科技政策，與全球市場布局。本書以故事帶您了解，由矽谷到中國，科技產業如何在經濟規則的運作之下另闢蹊徑，創造史上未有的全球經濟轉型。

　　如果您是電腦產業新手，那麼本書前八章以小故事由淺入深，從谷歌搜尋的原理開始，循序漸進到亞馬遜布局大數據與雲端服務，和數位網路時代的隱私與安全等議題攻防，肯定讓您對這個「千禧世代生存的世界」了然於心。

　　過去的落後讓它過去，從現在開始，讓我們解鎖近用（access）限制，擁抱知識經濟，邁向科技大時代的下一步。

　　　　　　（本文作者為日商優必達機器學習研發總監、前學思科技知識總監）

寫在前面

無論你是做什麼營生，了解科技是越來越根本的需求。醫生開始使用人工智慧診斷病人、[1] 農夫用無人機種更好的作物、[2] 商人已經了解到，過去世界最大的公司是石油業與電子業，[3] 現在則是像是蘋果（Apple）、亞馬遜（Amazon）、臉書（Facebook）、谷歌（Google）與微軟（Microsoft）。[4]

所以，你要如何學著了解科技呢？

這常常給人感覺像是要當程式設計師，要懂得很多科技話語中的概念，如 SaaS（軟體即服務，software-as-a-service 縮寫，發音為 *sass*）、API（應用程式介面，Application Programming Interface 縮寫）、SSL（網頁伺服器和瀏覽器之間以加解密方式溝通的安全技術標準，Secure Sockets Layer 縮寫）、cloud computing（雲端運算）與擴增實境（Augmented Reality，縮寫為 AR），以上只是列出當中的一部分。你也常常覺得得有一個 MBA 學位才能了解每天如洪水般的科技新聞：諸如新創公司、收購、應用程式啟用與謠言，還有你想得到的其他名詞。

但是我們想讓每個人都能了解科技，無論是什麼背景。我們想讓最重要的科技主題——從網際網路的基礎知識，到臉書與優步（Uber）的商業策略——可以用白話文說明。

本書的目標

這是一本關於科技與商業策略的入門書。書中將會使用現實世界中的例子，拆解推動科技世界的軟體、硬體以及商業策略。同時也給你工具，讓你自己開始了解、分析與形塑科技。零基礎就可以讀懂。書中每一章都是一則

真實的案例研究，提出了你可能已經有的問題，比如 Spotify 是怎麼推薦歌曲、自動駕駛汽車又是如何運作，以及為什麼即使會賠錢，亞馬遜仍提供 Prime 會員免運費。

在書中的每一章將會解釋**是什麼**——如大數據和機器學習這類的科技概念——接著是**為什麼**——為什麼公司會一開始就想到用這些科技的商業理由。我們將會利用過去在大小型科技公司擔任產品經理的經驗，給你關於科技世界如何運作的洞察力。

在本書的尾聲，我們的目標是解鎖你，讓你擁有像科技人一樣思考的能力。訓練你思考在未來所會遇到的科技主題：如科技如何運作、為什麼它是如此構成、錢從哪裡來，以及其會不會成功。特定的應用程式與公司來來去去、不斷變化，希望你在本書中學到的這些核心概念，在未來能長久對你有所幫助。

本書為誰而寫

本書的目標是讓所有不同技術層級的人都能看得懂、用得上。無論你是隨性的觀察科技知識，或是商業的專業人士，都能從本書中找到有用與有趣的內容。

假如你沒有程式設計的背景，但是想要投入產品管理、商業發展、行銷或者是其他在科技公司的非工程師角色，你必須有能力向團隊隊友與客戶解釋像是人工智慧（Artificial Intelligence，縮寫為 AI）、演算法（algorithm）與大數據。並且，要擬定公司的商業策略，你必須知道哪個商業策略在過去曾經成功（或者失敗），及其原因。本書的案例分析與對科技概念的白話文說明，應該能幫助你完成以上兩大挑戰。

如果你是軟體工程師，但是想做產品管理的工作，我們將會教你相對應的商業面，如廣告、獲利、購併等內容。

　　如果你是企業家或者是技術主管，你知道，光是做出一個產品還不夠。我們會用現實世界的案例分析，為你建立對科技的認識與商業策略的直覺，好使你明白如何讓公司蓬勃發展，並且與投資者與員工有智慧地談話。

　　如果你是科技與商業科系的學生，本書的案例分析正好適合你的課程。你將學到像是亞馬遜這樣的公司是怎麼成功，以及為什麼像是黑莓機這一類產品會失敗，你也會了解科技公司如何處理科技政策、科技帶來的破壞與新興市場。

　　即使你不是在科技公司工作，公司仍然可以利用科技領先群倫。預測分析、SaaS、A/B 測試——你將會學到這些熱門詞彙的內容，以及即使不是身處科技公司，也可以用這些科技來提升自己的業績表現。

　　最後，即使在工作上不需要了解科技，你仍然得每天使用它。你的口袋裡可能就有一個先進的科技產物。我們將會使用類比與直白的語言，解釋你每天使用的科技如何運作，助你成為知識更豐富的數位公民。內容也涵蓋幾個你每天從新聞中聽到的主題，例如網路中立性、隱私與科技規範。甚至也會觸及科技的黑暗面：假新聞、資料外洩、數位毒品走私，以及機器人搶走一般人的工作機會。

　　不管你是為什麼閱讀本書，我們認為你將會發現許多有價值的洞見與想法，並且將會學習如何像一個科技人一樣思考——甚至包括口語表達！

　　在我們更進一步說明之前，讓我們介紹你將會看到的內容。

本書內容

　　本書分成三大部分，第一是第一章到第四章，將科技的基本知識分成：軟體是如何開發、網際網路怎麼運作，與主要的應用程式（app）的商業模式。第二部分是第五章到第八章，帶你認識科技世界的主要組成部分：大數據、雲端運算、安全性以及相關的內容。第三部分是第九章到第十二章，以

前兩部分為基礎，更深一層去探索趨勢、分析與預測：商業策略、新興市場、科技政策與科技的下一步往哪裡去。

每一章都是以前幾章為基礎，所以假如你是科技新手，推薦你從頭讀起。假如你是科技老手，請隨意瀏覽與你最相關的內容——如果已經學到需要的概念，每一個案例可以獨立閱讀。

在主要內容之後，也提供了我們覺得在科技業當中最重要的名詞的字彙解釋，涵蓋了程式語言、商業術語、一般來說的軟體工程工具，以及更多的內容。我們認為，這將有助於你像科技人般說話，同時也是工作進階與進修的時候有用的參考內容。

最後，本書當中不可能涵蓋所有關於科技與商業策略的內容，所以我們於書末提供數以百計的每章的引用文章出處。你可以使用這些連結深入挖掘感興趣的主題。

我們是誰

當我們三個人第一次碰面，開始談到矽谷，關於矽谷的開放與菁英領導體制，事實上很難被非專家了解，更別說是進入科技產業。我們感受到想要改變這個現狀的熱情——這也就是我們寫作本書的原因。

我們三人都擔任過大公司的產品經理，但是來自很不同的科技產業類別——尼爾來自公眾與非營利領域，阿迪來自新創業，帕爾來自商業與行銷端。我們希望結合了三人的觀點與洞見能確實對您有幫助。

以下是關於我們三人的簡介：

尼爾・梅達在谷歌擔任專案經理，曾在微軟、可汗學院，以及美國人口普查局工作。在人口普查局工作的時候發起了在聯邦政府內的第一個全額獎學金的實習計畫。他是從哈佛大學以優秀學位畢業。

阿迪亞・加傑在微軟擔任產品經理，之前是美好應用程式公司（Belle

Applications）的創辦人與執行長。他是從康乃爾大學以優秀學位畢業。

帕爾・德拉賈是臉書的產品經理。曾在微軟、亞馬遜與 IBM 擔任產品經理與行銷人員。他是從康乃爾大學以最優秀學位畢業。

關於找工作的筆記

在開始之前，假如你要在科技公司尋找一份非工程師的職位，我們有些訣竅與資源可提供。

第一點，請記得我們在本書中所回答的問題，並不是設計來模擬真正的面試問題，但是內容將會給你科技與商業的洞見，得出你自己的答案，而不是與其他人相同的回答，這將會使你與別人迥然不同。例如，在本書中，我們將會介紹谷歌如何決定哪些廣告要出現，以及微軟為什麼要買下領英。面試者不會要求你照本宣科地說明這些案例，但可能會問如何藉由針對特定族群做廣告來獲利，或者是如何改善微軟的企業產品——書中案例將會幫你得出更有洞見的答案，並且展現出產業知識的深度。

換句話說，本書專注在訓練你像一個科技人一樣思考，而不是教你如何面試。光是面試問題的範例不會幫你有策略地思考關於科技產業，或者是對於科技概念更熟練，但是我們認為本書能助你達到這樣的境界。

關於更多實際準備面試的建議、撰寫履歷、建立人際社交網絡，以及選擇工作，可以參考 swipetounlock.com/resources，我們在其上有分享有助於達成以上目標的書籍與文章的連結。

感謝你，讀者

無論你的個人、學術或者是事業目標，我們希望本書有所幫助。再次感謝你選擇本書，希望你能從中得到閱讀的樂趣。

尼爾・梅達

namehta.com

linkedin.com/in/neelmehta18

阿迪亞・加傑

adityaagashe.com

linkedin.com/in/adityaagashe

quora.com/profile/Adi-Agashe

帕爾・德托賈

parthdetroja.com

linkedin.com/in/parthdetroja

| 第 1 章 |
軟體開發

讓我們從每天所使用的應用程式來探索科技世界。網飛（Netflix）與微軟 Excel 也許相當不同，但都是從同樣的結構單元所開發出來的。事實上，我們認為每個應用程式都是從相同的結構單元所開發。這些結構單元是什麼？讓我們讀下去。

主題 01　谷歌的搜尋功能是如何運作的？

無論何時在谷歌上進行搜尋，搜尋引擎都會爬梳超過三十兆個網際網路上的頁面，然後找到前十筆符合你搜尋的結果。[1] 有 92% 的時間你會點選在第一頁當中的某個結果（也就是前十筆結果當中）[2]。從三十兆的網頁中找到前十筆相當困難——就如同在紐約市尋找掉在地上的一分錢。[3] 然而谷歌用專家的方式在平均半秒的時間內找到結果。[4] 但是，它是如何做到的？

實際上谷歌並不是你每次搜尋的時候，就前往網際網路上的每個頁面。谷歌實際上是將網頁的資訊存在資料庫（資訊的表格，如 Excel），然後使用演算法讀取資料庫，決定要呈現哪些內容。演算法只是一連串的指令——人類也許有個「演算法」用於製作一塊花生醬與果醬的雙醬三明治，如同谷歌有演算法用於尋找你在搜尋列中輸入的內容。

爬取

　　谷歌的演算，是從建立儲存網際網路上每個頁面資料的資料庫開始的。谷歌使用稱為蜘蛛的程式來「爬取」（crawl）網頁，直到找到所有頁面（或者至少是谷歌覺得是所有的頁面）。蜘蛛先從少數的頁面著手，再將這些頁面新增到谷歌的網頁列表，稱為「索引」（index）。然後蜘蛛從這些頁面向外的連結開始，找到新的一組頁面，也加到索引中。下一步，他們跟著**這些**頁面上的連結繼續同個步驟，直到谷歌無法找到其他頁面。

　　爬取的動作不斷在進行，谷歌一直在新增頁面到他們的索引，或者是當頁面有變更時，谷歌也會更新索引。索引的檔案規模非常巨大，超過一億萬 GB。[5] 假如你想把它裝進容量為 1TB 的外接硬碟，會需要十萬個外接硬碟——如果將它堆疊起來，大概會有一英里高。[6]

文字搜尋

　　當你在谷歌進行搜尋，谷歌會抓取查詢內容（你輸入在搜尋框的文字），然後比對它的索引，尋找最相關的頁面。

　　谷歌如何做到這件事？最簡單的方法是尋找特定關鍵字出現的地方，有點類似按下 Ctrl+F 或者 Cmd+F 搜尋一個巨大的 Word 文件。確實，這是 90 年代搜尋引擎運作的方式：就是在其索引當中尋找符合你搜尋的文字，並且顯示最相關的頁面，[7] 這個「相關」的屬性稱為關鍵字密度。[8]

　　這個方法很好操弄。假如你輸入士力架糖果棒（candy bar Snickers），想像你會看到 snickers.com 排在第一位。但是如果搜尋引擎只是計算士力架這個單字在頁面上出現的次數，任何一個人可以製作隨機的網頁，頁面上只出現「士力架士力架士力架士力架」（如此一直下去），然後就會被排到搜尋結果的首位。這顯然並不是非常有用的方式。

佩吉排序

捨棄關鍵字密度，谷歌核心的創新技術是一個稱為佩吉排序（PageRank）的演算法，這是由谷歌的創辦人賴瑞・佩吉（Larry Page）與謝爾蓋・布林（Sergey Brin）在 1998 年為了博士論文所撰寫的。[9]佩吉與布林注意到，一個網頁的重要性可以從哪些重要的網頁連結到該網頁來進行評估。[10]這就如同在一個派對當中，你知道某個人受歡迎，是因為他被**其他**受歡迎的人包圍。佩吉排序給每個網頁一個分數，這個分數是由其他連至該頁面的其他網頁的佩吉分數所計算出來的。[11]（那些其他網頁的分數，是由其他連結至他們的網頁分數所計算出來的，持續這樣計算其他網頁的分數；這是由線性代數所計算。）[12]

例如，假如我們製作一個關於亞伯拉罕・林肯的新網頁，一開始會有很低的佩吉排序分數。如果有一個沒沒無聞的部落格連結到我們的網頁，網頁的分數會稍微上升。佩吉排序關心的是連至我們網頁的連結品質，而不是數量。[13]即使好幾十個沒沒無聞部落格連至我們的頁面，網頁的分數也不會提升太高。但是假如《紐約時報》的一篇文章（或許擁有很高的分數）連結到我們的頁面，頁面的分數就會大爆發。

一旦谷歌在其索引當中找到符合你搜尋的文字內容，谷歌就會用多個準則進行排序，包含了佩吉排序。[14]谷歌也有許多其他準則：例如頁面更新的時間，以及忽略看起來像是垃圾的頁面（如之前我們所提到的寫滿「士力架士力架士力架士力架士力架士力架」的網站）。同時谷歌也會考慮到你所在的位置（如果你在美國搜尋「足球」，它會回傳國家美式足球聯盟，如果你在英格蘭，它則會回傳英格蘭足球超級聯賽），以及其他種種準則。[15]

操弄谷歌

然而，佩吉排序存在許多漏洞。很多像是濫用關鍵字密度的垃圾頁面

（就如同「士力架士力架士力架士力架士力架士力架」），現在也開始有「連結農場」（link farm），或者是頁面上有許多不相關的連結。網站擁有者可以付錢給連結農場，將連結加到連結農場的網站，藉人為操作來使佩吉排序暴增。[16] 然後，谷歌已經對於抓到與忽略這些連結農場很熟練。[17]

但是，仍然有幾個主流的方式可以玩弄谷歌。一個稱為搜尋引擎最佳化（search engine optimization，縮寫為 SEO）的產業興起，幫助網站擁有者破解谷歌的搜尋演算法，確保他們的網頁能出現在谷歌搜尋的前幾筆結果中。[18] 搜尋引擎最佳化的最基本方式是讓更多的網頁連結到你的頁面。搜尋引擎最佳化包含了相當多的技巧，例如在你頁面名稱與標題選對正確的關鍵字，或者是讓你網站的頁面彼此相連。[19]

然而，谷歌的搜尋演算法一直在變；谷歌在一年內有超過五百次的小升級。[20] 偶爾會有一些大升級，在每次升級之後，搜尋引擎最佳化的專家會試著找到改善方法來領先他人。例如，谷歌在 2018 年更改演算法，偏好那些在行動裝置上顯示內容較快的網站，這使得專家們建議網站擁有者利用谷歌稱為加速行動頁面（Accelerated Mobile Pages，縮寫為 AMP）的工具製作頁面，以取得較好的搜尋排名。[21]

主題 02　Spotify如何推薦歌曲給你？

每個週一早晨，Spotify 會送給聽眾三十首歌的播放清單，這些歌曲很神奇地符合聽眾們的喜好。這個播放清單稱為「每週探索」（Discover Weekly），也成為熱門話題。在 2015 年 6 月發行的六個月內，「每週探索」被發送超過十億七千萬次。[22]Spotify 為什麼能這麼了解兩億個使用者的喜好呢？[23]

　　Spotify 的確有雇用音樂專家，手動製作播放清單，[24] 但是他們沒有辦法為兩億個使用者製作這個清單。Spotify 是採用演算法，每週執行以製作歌單。[25]

　　「每週探索」的演算法是先查看兩項基本資訊。第一，它會先看使用者喜愛程度高到會加入到音樂庫或者是播放清單的所有歌曲。這個演算法甚至聰明到可以知道，使用者是否在播放的前三十秒就已經跳過該首歌曲，這代表使用者可能不喜歡這首歌曲。第二，演算法會看其他人所製作的所有播放清單，同時假設每個播放清單都有主題關聯，比如使用者可能會有「跑步」或者是「披頭四即興演奏」播放清單。[26]

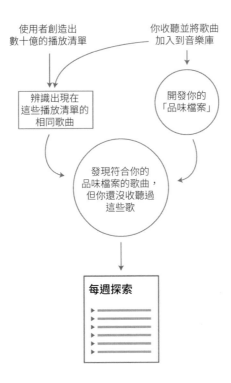

Spotify 能自動推薦歌曲給你的演算法。

資料來源：*Quartz*[27]

　　當 Spotify 有了這些資料，就利用這兩個方式找到使用者可能喜歡的歌曲。第一個方法是比較上述的兩個資料集（dataset），找到符合使用者喜好的新歌。例如，有個使用者的播放清單有八首歌曲，而當中的七首有在你的音樂庫，他們判斷你可能喜歡這類型的歌曲，所以「每週探索」就推薦那首不在你音樂庫的歌曲。[28]

　　這種方式稱為「協同過濾」，也被亞馬遜所採用，其根據你與數以百萬計的使用者的購買紀錄，[29] 推薦建議商品給你。網飛的電影建議、YouTube 的影片建議，和臉書的朋友建議都是採用協同過濾。[30]

　　隨著服務獲得更多使用者，協同過濾越來越有用──在這種情況下，當 Spotify 用戶越多，就越容易找到與特定品味相符的人，因此也更容易提出建議。但是，隨著使用者數量的增長，這些演算法也會變慢且計算量龐大。[31]

　　第二個方法是將使用者的播放清單視為個人的「品味檔案」（taste profile），根據個人所聽且喜歡的歌曲，Spotify 會以不同類別（如獨立搖滾或者是 R&B）以及更細微的類別（如室內流行樂與新美國音樂）推薦使用者相同類別的音樂。這仍然是根據過往聽過的音樂模式，只是推薦的形式不同。[32]

為什麼要投資在音樂推薦上？

　　然而，雇用工程師建置這樣的推薦引擎是很昂貴的，Spotify 的工程師一年薪水要幾十萬美元，[33] 所以，為什麼 Spotify 要這麼做？

　　第一點，強力的推薦系統是一個賣點，讓 Spotify 顯得比其他競爭對手突出，如蘋果音樂（Apple Music）。因為有龐大的音樂庫是不夠的，以商業語彙來說，音樂是個商品──任何歌曲在 Spotify 或者是蘋果音樂，或者是其他類似的地方聽起來都一樣──並且只要有錢的人就可以去購買音樂的授權，建立一個巨大的音樂庫。[34]

　　所以，如果所有的音樂串流服務都能夠有效率地擁有相同的音樂，Spotify 需要有與其他競爭對手不同的地方。而 Spotify 的推薦系統也確實達到這個目標——被認為比蘋果音樂更好。[35]

　　而且，當有更多的使用者，協同過濾的表現會更好，Spotify（已經有了很多使用者）持續維持領先。

　　第二個理由是個人化的推薦讓使用者的服務黏著度更高。[36] 越常使用 Spotify，演算法越了解你的品味，也因此更能推薦適合的音樂。所以假如你常常使用 Spotify，你的推薦結果將會相當好，也因此你不會想改用蘋果音樂，因為蘋果音樂一點也不了解你的偏好。所以這個高「轉換成本」（switching cost），減少你想改用其他類似應用程式的可能性。（更一般地來說，任何存放在應用程式的個人資料，例如製作 Spotify 的播放清單，將會提高轉換成本，因為必須在新的應用程式中重新建立資料。）[37]

　　簡而言之，個人化的播放清單對聽音樂的人來說相當重要，這也是 Spotify 厲害的商業策略，難怪越來越多的應用程式提供個人化的推薦內容。

主題 03　臉書如何決定哪些內容會出現在你的動態消息當中？

　　每天有超過十億個人看著他們的臉書動態消息，而美國人花了如同面對面互動的時間在臉書上。[38] 因為動態消息吸引很多的目光，它擁有極為強大的影響力。動態消息可以影響我們的心情，把我們放在意識形態的同溫層，[39] 或者影響我們將選票投給哪個候選人。[40] 一言以蔽之，出現在你的動態消息上的內容是有影響力的。那麼，臉書是如何決定哪些內容會出現在你的動態消息呢？

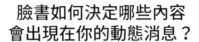

臉書如何決定哪些內容
會出現在你的動態消息？

動態消息　＝ C × P × T × R
能見度

發文者　　發文品質　　類型　　　近期

對於發文　　這篇發文　　使用者偏好　發文時間
者有興趣　　在其他使　　哪一類發文　有多近
的程度　　　用者中表　　（動態、照
　　　　　　現如何　　　片、連結）

臉書新的動態消息演算法的簡易說明。
資料來源：*Tech Crunch*[41]

　　更精準一點來說，臉書如何將使用者所收到的數以百計、甚至是數以千計的更新內容排序，以呈現在你的動態消息上？如同谷歌利用演算法找出最重要的內容，臉書有十萬個左右的個人化要素，我們將會聚焦在四個關鍵要素上。[42]

　　第一個要素是誰發的文章。臉書會把與你互動（如發訊息，或者在照片上標註）較頻繁的使用者的發文，推送到你的動態消息上，因為臉書預期你想參與他們未來的發文。[43]

　　第二個是發文的品質，越多人按讚或者是留言的文章，臉書會認為這類型的文章是有趣的，所以這類型的文章會出現在動態消息的頂端。[44]

　　第三個是發文的類型，臉書會根據你較常觀看的發文類型（如影片、文章與照片等等），推薦相同類型的文章給你。[45]

　　第四個是最主要的要素──近期，越新發表的文章會比較優先出現。[46]

　　但是，有更多的要素存在。《時代》雜誌發現了一些：

使用連線速度較慢的手機的使用者，較少看到影片。在留言當中有「恭喜」的字樣出現，代表有人生大事發生，這類型的文章會更容易被推廣。使用者點擊文章後按讚，比點擊之前按讚，該文章會獲得比較強烈的正面評分，因為這代表使用者可能讀了該文章，並且喜歡文章。[47]

看得出來，臉書試圖盡量提高你對出現在你動態消息的文章的按讚與留言的可能性，這個度量衡（metric）稱為互動（engagement）。畢竟，你越喜歡你的動態消息，就會越持續往下看；而越往下看，你將會看到更多廣告，而廣告，當然就是臉書獲利的主要來源。[48]

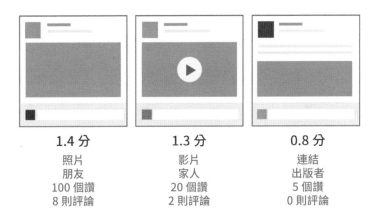

1.4 分	**1.3 分**	**0.8 分**
照片	影片	連結
朋友	家人	出版者
100 個讚	20 個讚	5 個讚
8 則評論	2 則評論	0 則評論

臉書如何排序發文以及決定哪一則會出現在你的動態消息的例子。
資料來源：*Tech Crunch*[49]

演算法還訓練使用者以幫忙臉書的方式運作。每個人都希望發文能顯示在朋友的動態消息上，並且由於臉書宣傳病毒式發文（viral post），人們有動機貼出能有眾多人分享的文章。臉書上的更多分享會引起更多發文，這表

示臉書可以插入更多廣告。[50]

打擊假新聞

　　類似臉書動態消息的演算法，有不可置信的影響力，但是也有危險存在，因為狡猾的駭客可以操弄這個演算法。如果沒有人類的監控，這些演算法可能反過來傷害我們。

　　一個著名的例子是 2016 年的美國總統大選，席捲臉書的假新聞造成了一場災難。[51]回頭想想看，動態消息的演算法並不可能關心新聞真實與可信與否，它唯一關心的是最大化互動。[52]愛傳遞假新聞的人利用這個特點，在臉書上發布駭人與造假的新聞，攻擊他們不喜歡的政治家，這些文章很自然吸引人們的點擊與留言，然後臉書將這些假新聞在很多人的動態消息上置頂推廣。[53]

　　臉書為了維護信用，推出了動態消息演算法的更新，用以限制假新聞的擴散。在 2018 年，臉書宣布將會改變演算法，更關注於「有意義的社交互動」（meaningful social interaction），這意味著臉書將會把你朋友的更新訊息優先顯示，而不只是顯示新聞故事。然而，如同臉書所承認，要計算「有意義的社交互動」遠比計算按讚數與點閱數更困難。[54]

　　臉書也轉由人類處理動態消息演算法的問題。（諷刺的是，演算法原本是用來降低人類的工作量，但是臉書也承認了演算法並非完美。）例如，臉書新增使用者標示假新聞的功能，[55]它也開始雇用焦點團體，檢視他們的動態消息，並且提供意見給演算法的開發者。[56]（是的，你**可以**藉由瀏覽臉書賺錢。）

　　演算法並不是運行世界的魔法咒語，它們只是規則（然而有點複雜）的組合，是由人撰寫，在電腦上執行用以完成特定任務。如同臉書所做的，機器人跟人有時要一起合作。

主題 04　哪些科技優步、Yelp與寶可夢Go都使用？

　　假設你想要製作屬於自己的谷歌地圖，必須要追蹤在地球上的每一條路、建築物、城市與海岸線。你也許需要一個車隊，穿梭世界各地，到處拍照與測量，就如同谷歌為谷歌地圖所投注的心力一樣。[57] 同時你的地圖要可以平移與放大，也需要一個可以找到兩點之間行駛路徑的演算法。

　　持平來說，那樣相當困難。即使是蘋果地圖，也被批評沒有達到谷歌地圖的品質標準。[58]

　　所以當像是優步、寶可夢 Go 與 Yelp 這些應用程式需要包含一個地圖，用以顯示哪邊有車輛是空的、幫助玩家找到野生的寶可夢，或者是顯示附近的餐廳時，他們可能不想花十幾億美元與上千小時的時間製作屬於自己的地圖。

　　如果使用過這些應用程式，你或許可能知道他們採用了哪個替代方案：他們鑲嵌谷歌地圖在自己的應用程式當中。尋找餐廳？Yelp 將標示餐廳的大頭針以你的地點為中心，插在谷歌地圖上。想要搭乘優步到市區？優步的應用程式在谷歌地圖上畫出路徑，並且計算你所需要花費的時間。[59]

　　谷歌允許包含一小段程式碼在你的應用程式當中，用以畫出谷歌地圖。它同時也提供其他程式碼允許你在地圖上繪製內容、計算地圖上點與點之間的行車方向，甚至能找到某個特定道路的速限。所有這些工具都很便宜，甚至是免費。[60] 這些工具對於開發者來說是很大的優勢；他們只需要少量的程式碼，就可以使用谷歌花了數年以達到完美的技術。不需要重新發明輪子！

優步利用谷歌地圖 API 畫出你所在地區的地圖且預測你乘車所花的時間。

資料來源：Uber on Android

　　這些片段的程式碼可以讓你借用其他應用程式的功能與資料，我們將之稱為 API，或者是應用程式介面。簡而言之，API 讓應用程式可以彼此對話。讓我們來看看三個主要類型的 API。

三個類型的 API

　　第一個類型的 API，我們稱之為「特色 API」（feature APIs），是讓一個應用程式要求某個特定的應用程式，解決某個特定問題，像是計算行駛方向、傳送文字訊息或者是翻譯句子。這如同你叫水管工人或者木匠代你修繕家裡。應用程式使用所有特色 API。寫程式碼用來寄信與傳送文字訊息是很痛苦的，所以像是 Venmo 這類的應用程式需要寄送確認信或者是文字訊息，要使用特定的 API。[61] 處理信用卡付費是相當困難的，所以優步外包給 PayPal 的 Braintree API，[62] 這可以讓那些使用 PayPal 信用卡付款處理的演算法的人，只需要寫幾行程式碼即可。[63]

　　第二種類型的 API 稱為「資料 API」（data APIs），讓一個應用呼叫另外一個應用程式送交某些有趣的資訊，例如運動比賽分數、最新的推特文章，或者是今天的天氣。這就如同詢問飯店的接待處，獲取他們推薦的博物館以及餐廳的資訊。ESPN 提供 API，可以讓你知道每個大聯盟球隊的球員名單，以及每一場比賽的分數。[64] 紐約的地下鐵系統，可以追蹤每班車的位置，以及預測下一班車何時抵達。[65] 甚至有 API 可以讓你取得隨機的貓圖片。[66]

　　最後一種類型的 API 是「硬體 API」（hardware APIs），可以讓開發者存取裝置本身的功能。Instagram 利用手機的照相機 API 來放大縮小、對焦與拍照。谷歌地圖利用手機的定位 API，找到你位於世界何處。你的手機甚至有稱為加速度感測器與陀螺儀的感應器，健身應用程式用它們來判斷你行走的方向與移動速度。[67]

　　值得注意的是，API 並非完美方案。使用 API，讓開發者比較容易開發，但這也使得他們的應用程式必須倚賴 API。[68] 如果一個寄送電子郵件的 API 停止運作，每個使用這個 API 的應用程式都將無法寄信。假如谷歌決定經營自己的共乘服務，它有可能——理論上來說——限制優步使用谷歌地圖

API，以削弱優步的競爭力。假如優步建立自己的地圖服務，就不需要仰賴谷歌的善意。

　　儘管存在潛在的商業風險，使用特定公司的 API 較為便利、可靠，往往也比自行建立相同功能的成本更低。

　　所有這些都將我們帶回一個問題：哪些科技優步、Yelp 與寶可夢 Go 都有用到？它們都使用 API，換句話說是谷歌地圖 API，以避免從頭開始建立自己的地圖服務。確實，API 是很多應用程式的核心。

主題 05 為什麼Tinder要你用臉書帳號登入？

向右滑可匿名喜歡某人，
或向左滑跳過

以臉書登入

我們不會在臉書上貼任何東西。
登入表示你同意我們的服務項目
與隱私權政策。

如果你使用過約會應用程式 Tinder，會注意到可以使用臉書登入，即使還沒有設定好個人資料。只要連上你的臉書個人資料，Tinder 會匯入你個人資料的大頭照、年齡、朋友列表，以及你按過讚的粉絲頁。[69] 你可能已經猜到，這些是透過臉書所提供的 API 所完成的。藉由「單一登入」（single sign-on, SSO）API，任何應用程式可以藉由連結臉書個人資料，建立使用者的帳號。[70]

為什麼 Tinder 使用這個 API 呢？第一個理由，Tinder 可以藉由從臉書匯入基本資訊，避免有空白個人檔案存在（沒有人想滑到空白資料）。[71] 第二個理由是，藉由限制必須由臉書登入，可以幫他們阻擋機器人與假帳號，因為臉書花了很多工夫在關掉這些帳號。[72] 第三個理由，這可以幫他們做更好的配對：透過你的朋友清單，Tinder 可以顯示潛在的配對當中，彼此有多少共同的朋友，而這個連結感可能鼓勵人們滑看更多個人檔案。最後一點，藉由獲取所有使用者的臉書資料，Tinder 可以更深入了解他們的使用者，例如年齡、居住地，或者是興趣。[73] 這些洞察可以幫助 Tinder 調整他們應用程式的設計，或者是廣告策略。

對於使用者而言，使用臉書註冊也是很有助益的。你在 Tinder 的個人檔案非常快速產生，因為基本資訊與照片已經從臉書匯入。[74] 看到更完整的檔案與較少的機器人，也改善了你的使用體驗。[75] 同時，使用臉書註冊也代表了不需要記住另外一組的帳號與密碼。[76]

為什麼臉書提供這個 API，讓使用者可以透過臉書上的資訊登入其他網站？這是因為當你使用臉書的「單一登入」API 註冊 Tinder 的時候，臉書會知道你是 Tinder 的使用者。當你使用臉書登入其他網站時，臉書也同時知道你是哪些網站的使用者。臉書可以使用這些資料更有效率地向你推送廣告，例如更多與約會相關的廣告給 Tinder 的使用者。[77]

離開臉書？

在 2018 年，Tinder 宣布使用者可以選擇使用自己的電話號碼註冊，而不一定要使用臉書註冊。[78] 為什麼呢？

簡而言之，競爭。在 2018 年，臉書宣布一項新的約會服務，被視為是 Tinder 的競爭者，Tinder 的母公司股價在一夕之間下跌了 20%。[79]Tinder 可能擔心臉書停止它的 API 服務，所以想建立新的登入方案。

如同這個故事所顯示的，提供 API 對一家公司來說，是收集資料與使用狀況非常好的方式。同時，使用 API 也可以節省應用程式的開發時間與投入的人力──但這並非沒有風險。

<table>
<tr><td>主題
06</td><td>為什麼《華盛頓郵報》的文章
都有兩個版本的標題呢？</td></tr>
</table>

看一下下方兩個同一則《華盛頓郵報》文章的螢幕截圖。注意到什麼了嗎？

為什麼近藤麻理惠改變人生的魔法在育兒上沒效？

整理名人在七月生了第一個孩子，我打賭連她從那之後也會髒亂個一兩次。
Tanya c. Snider 撰　**關於育兒**

近藤麻理惠改變人生的魔法對父母們在育兒上沒效的真正原因

整理名人在七月生了第一個孩子，我打賭連她從那之後也會髒亂個一兩次。
Tanya c. Snider 撰　**關於育兒**

注意到差別了嗎？《華盛頓郵報》的文章有不同版本的大標題。
資料來源：《華盛頓郵報》[80]

　　標題有些微不同！在 2016 年，《華盛頓郵報》推出一個新功能，讓文章的作者對同一篇文章指定兩種不同的標題。[81] 但是為什麼他們要這麼做呢？

　　這實際上是報紙為了獲得最多的點擊數所做的實驗。[82] 這個實驗自動顯示某個版本的標題給某一群訪客；可以說有一半的訪客是隨機選取的。它同時顯示另一個版本給其他的訪客。當這個實驗進行一段時間之後，開發者觀察特定的統計數字，或者稱指標，例如標題的點擊數。開發者決定哪一個版本比較好，然後對所有人顯示獲勝的版本。這是一個簡單但是強大的改進應用程式的指標。例如，前述的第一個圖片的標題有 3.3% 的點擊率，而下方的版本則是 3.9%[83]——這有 18% 的差距，而且只要改幾個字。

　　這個技巧稱為 A/B 測試。這是一個強大與資料驅動的方式，用來改善線上的產品。[84] 它稱之為「A/B 測試」是因為同一個特色的兩個版本，A 與 B。

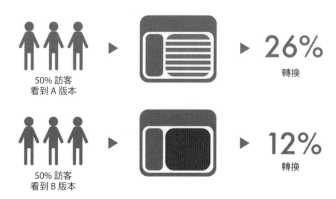

50% 訪客
看到 A 版本

26%
轉換

50% 訪客
看到 B 版本

12%
轉換

A/B 測試展示同一個特色的至少兩個變數（A 跟 B），以及比較相關的指標，藉以決定哪一個變數要展示給所有使用者。在這個案例當中，每個人都會開始看到變數 A，因為這個變數可以導引使用者進行預期的行動（或者稱為「轉換」）。

資料來源：VWO[85]

不確定哪個行銷口號會讓人們購買商品？停止無止境的爭辯，只要進行 A/B 測試就好。不確定是紅色或者是綠色的「註冊」按鈕會讓更多人點擊？那就跑一個測試看看！（假如你好奇的話，在實驗中，紅色按鈕會獲得34% 的點擊率。）[86] 不確定哪個 Tinder 個人檔案圖片會讓你得到更多人的青睞？Tinder 甚至可以讓你執行 A/B 測試，讓你清楚哪一張圖片、以及何時顯示為你的主要檔案圖片，可以獲得更多人的青睞。[87]

所有新聞都適合做測試

那帶我們回到原本的問題：為什麼《華盛頓郵報》每則新聞都有版本的標題呢？這個是《華盛頓郵報》A/B 測試的框架的一部分，稱為「班迪特」（Bandito)。班迪特嘗試不同版本的標題，觀察哪一個可以獲得較多的點擊率，然後將優勝的版本更頻繁地展示給使用者。[88]

A/B 測試在新聞組織當中很普遍。BuzzFeed 也使用 A/B 測試找到最能吸引人點擊的標題。[89]Upworthy 是 BuzzFeed 的競爭對手，實際上測試二十五個版本的標題，藉以找到當中最完美的那一個。[90]A/B 測試很重要：根據Upworthy，一個相當不錯的標題與一個完美的標題，觀看人數分別是一千人與一百萬人的差距。[91]

更多的應用程式與網站使用 A/B 測試。例如臉書每次都會推出新功能給「有限的測試戶」。[92]Snapchat 讓廣告商進行 A/B 測試，以便展示最多人觀看的廣告。[93] 即使是實體店鋪，也可以進行 A/B 測試：一個新創公司讓商店可以改變店裡播放的背景音樂，好讓使用者花最多錢進行消費。[94]

有意義的測試

無論你何時進行統計測試，有個重要的告誡要謹記在心：需要檢查你觀察後所獲得的發現，是真的有意義，或者只是隨機發生。例如你擲一個銅板

六次，當中有五次出現人頭，你不能很有自信地認為人頭那一面的重量比較重——可能只是單純的運氣。但是當你擲一個銅板六百次，當中有五百次都是人頭，這或許代表你發現了什麼。當公司在進行 A/B 測試的時候，實驗者會報告說一個特定版本的指標與另一個版本比較的結果。他們同時也會報告 p 值，這個值是說明觀察到的差異有可能是隨機的機率。[95] 通常來說，如果 p 值小於 0.05（例如，有小於 5% 的機會，這個差異是隨機的），他們可以假設這個差異是有意義的，或者稱為「在統計上有意義」（statistically significant）[96]。否則，他們不能肯定結果不是單純靠運氣。

例如，亞馬遜對一半的使用者展示比較大的「加到購物車」（Add to Cart）的按鈕，然後發現增加了 2% 的銷售量，而 p 值是 0.15。較大的按鈕看起來是一個比較好的改善方向，但是有 15% 的可能性顯示銷售量增加是單純的運氣好，而不是按鈕變大了。因為 0.15 大於 0.05，所以亞馬遜的測試者將不會推出較大的按鈕。

所以，如果你因為像是「十八個關於食物的爭執強烈到讓朋友絕交」的標題而點擊，不要感覺很糟糕[97]——你面對的是結合了社會科學、軟體開發與統計學混在一起的強大挑戰。無論喜歡或不喜歡，A/B 測試都極度有效率。

|第**2**章|
作業系統

安卓（Android）或者是 iOS？蘋果或者是微軟？每個人都有偏好的作業系統。作業系統是每個運算裝置的跳動心臟，這些裝置從智慧型手機到超級電腦——沒有作業系統，你無法執行任何應用程式。讓我們來看看它們怎麼運作。

主題 07 為什麼黑莓失敗了？

2000 年，黑莓發行了世界第一支智慧型手機。[1] 這支手機聲名鶴立，因為使用者可以在任何地方使用網際網路與電子郵件，這對於需要隨時連線的商業界而言很重要。[2] 它的 QWERTY 排列的鍵盤，讓打字可以比以往更快。[3] 人們無法自拔地成為「黑莓成癮族」（Crackberries）。[4]

到了 2009 年，黑莓是當時手機市場佔有優勢的廠商，有 20% 的市佔率，超過 iOS（14%）與安卓（4%）的總和。[5] 當時有相當多的愛用者，包含美國總統歐巴馬在 2009 年入主白宮時，也選擇黑莓機作為他的智慧型手機。[6]

但是快轉到 2016 年的最後一季，黑莓機的市佔率跌至 0.05% 以下，公司只售出二十萬支手機。[7] 同時，在同一季，安卓出貨超過三億五千萬，iOS 則有七千七百萬支的出貨量。[8]

黑莓哪裡出錯了呢？讓我們一起來看一下。

iPhone 的崛起

賈伯斯在 2007 年發布 iPhone 的時候，[9] 黑莓的主管們並沒有很認真去看待這件事情，把它看成給年輕人的華而不實玩具，[10] 根本不能在黑莓機既有具壓倒性的商務使用者數量的市場裡競爭。[11]

然而黑莓無法理解，人們很享受使用 iPhone 的明亮色彩與觸控式螢幕。[12] 並且黑莓機銷售的對象是公司的資訊部門經理，蘋果公司將 iPhone 直接賣給消費者——也就是像你我一樣的普通人。[13]

結果是？更易於親近的 iPhone，讓人們開始攜帶兩支手機：黑莓機用於工作，而 iPhone 則做為個人使用的手機。[14] 很快的，公司了解到可以藉由讓員工也在工作上使用 iPhone 而節省經費，同時又讓員工開心。[15] 雖然緩慢，但是很確實地，iPhone 開始入侵黑莓寶貴的市場——這個趨勢的一個完美說法是「企業的消費者化」（consumerization of the enterprise）。[16] 黑莓了解到智慧型手機的趨勢，是由一般使用者、而不是商業人士操控。[17]

在那時，黑莓明白必須直接跟消費者接觸，但是已落後於蘋果。[18] 為了與 iPhone 競爭，黑莓在 2018 年設計一款具有觸控螢幕的手機，命名為「風暴」（Storm）。但是因為急著上市，黑莓在手機準備好之前就先販售，所以使用者給予這支手機負面評價。[19] 即使是黑莓的執行長，也承認這是一次失敗的經驗。[20]

另外一個黑莓錯失的主要趨勢為「應用程式經濟」（app economy）的興起，這將在第四章介紹。黑莓沒有意識到消費者不僅僅是想在手機上發送電子郵件：還想要應用程式、遊戲以及即時通訊。[21] 黑莓做得不夠多，無法鼓勵開發者在黑莓機的平台上開發應用程式。與黑莓不同，蘋果的應用程式商店的應用程式成長遠多於黑莓機的商店，這些應用程式將消費者吸引到 iPhone 那裡去。[22]

簡而言之，黑莓自滿於當時的成就，過度聚焦於既有使用者上，而沒想

到要擴展新的使用者基礎。[23] 他們也沒有注意到正在發生的軟體業趨勢。黑莓一直將手機當作商業生產力工具，蘋果（與谷歌）卻重新思考並且將手機當作普通人所有、具有多種可能性的「娛樂中心」（entertainment hubs）。[24] 蘋果正確了解了消費者的心理，並且贏了這一役。[25]

背水一戰

2012 年，黑莓的市佔率從 2007 年的 20% 跌落至只剩下 7%。[26] 在那一年，黑莓指定新執行長，讓事情有所轉圜。[27] 他們甚至發布一系列的高階手機，Q10 與 Z10，《紐約時報》稱之為背水一戰。[28]

不幸的是，這次並沒有成功。

當黑莓機落後於 iPhone 與安卓跌至第三位的時候，他們面臨所謂「雞生蛋，蛋生雞」的惡性循環當中。[29] 因為黑莓機的平台上沒有使用者，沒有人會在其上開發應用程式；也因為沒有足夠多的應用程式，使用者不會購買黑莓機。[30] 想像一下，在派對場合中，除非有已經足夠多的人在派對裡——否則沒有人會走進門可羅雀的派對。[31] 黑莓曾經努力試著引誘開發者來到他們的平台，甚至在 2012 年提供一萬美元給開發黑莓機應用程式的人。[32] 但是最後並未成功。

黑莓持續著他們的負面循環——至於其他，如他們所說，是歷史了。

主題 08　為什麼谷歌讓手機製造商可以免費使用安卓作業系統呢？

谷歌的安卓行動作業系統允許消費者與手機製作商免費使用。像是三星（Samsung）與樂金（LG）可以在他們的手機上使用安卓，而不需要付錢給

谷歌。[33] 但是安卓現在一年幫谷歌賺進超過 310 億美元。[34] 一個免費的產品到底為什麼可以幫谷歌賺進這麼多錢呢？

谷歌的策略是盡可能吸引更多的人使用安卓。[35] 很明顯的是，免費的安卓的確發揮作用：安卓佔了全世界智慧型手機的八成。[36]

在擁有了這麼高的市佔率之後，谷歌可以想辦法從安卓獲利。

一開始，谷歌強制所有手機製造商如果要使用安卓系統，就必須預設安裝谷歌的核心應用程式，像是 YouTube 與谷歌地圖。在美國，谷歌甚至強迫手機製造商將谷歌的搜尋列放在手機的第一個頁面。[37] 藉由更多人使用谷歌的應用程式，谷歌可以獲取更多資料，播放更多廣告，然後就賺到更多的錢。[38]

第二個收入來源——雖然金額比較小，但是仍然相當可觀——是應用程式販售。[39] 在大多數國家，谷歌堅持手機製造商必須將 Google Play，谷歌的應用程式商店，放置在手機首頁的顯著位置。[40] 這麼做是因為想推動使用者從 Google Play 下載應用程式。並且不論何時，使用者只要購買應用程式，或者是只要從應用程式內進行購買，谷歌都會從中抽取 30% 的佣金。[41] 每次購買都會讓谷歌賺到一小筆錢，而這些金額會累積起來：目前谷歌已經每年從這些佣金賺取了二百五十億美元。[42] 越多的 Google Play 使用者下載應用程式，谷歌就能賺取越多佣金。

第三點，讓安卓越為普遍，谷歌就越能從中賺取廣告費用。[43] 當 iOS 的使用者點擊谷歌搜尋上的廣告時，蘋果會保留一部分的廣告收入，而不是全到了谷歌手上。[44] 更進一步，谷歌每年需要付給蘋果大約一百二十億美元的費用，藉以將谷歌搜尋設為 iOS 預設的搜尋引擎。[45] 這也就是為什麼谷歌希望使用者是在安卓手機上使用谷歌搜尋，而不是在 iPhone 上。

越多的安卓使用者代表谷歌賺到越多的錢，所以谷歌會讓人免費使用安卓，也就不令人感到吃驚了。

為什麼要開放原始碼？

安卓不僅僅是免費，同時也開放原始碼，[46] 這代表每個人都可以製作與發行自己的安卓版本。[47] 有很活躍的開發者社群製作各種客製化的安卓衍生版本，例如很流行的 LineageOS（之前稱為 CyanogenMod）。[48] 你可以利用 LineageOS 取代手機中原本的安卓版本，以獲得更快的速度、客製化與其他功能。[49]

一支執行安卓衍生作業系統 LineageOS 的手機，畫面上展示著一個在一般安卓作業系統上所沒有的功能。

資料來源：Aral Balkan[50]

安卓作業系統字面上的開放原始碼，是指開放它的核心（core）：核心是根據一個開放原始碼的作業系統 Linux 的內核（kernel）開發而成的，Linux 同時也用於某些世界最大的超級電腦上。[51] 內核是一個軟體，可以讓應用程式與硬體裝置溝通，像是讀取與寫入檔案，連接鍵盤與無線網路等等。[52] 內核像是汽車的引擎：事實上電腦沒有內核就無法運作。

所以為什麼谷歌要開放安卓的原始碼呢？第一個理由是讓開發比較容易。使用已經開發完成並且是開放原始碼的 Linux 的內核，可以節省安卓開

發者很多的工夫，[53] 因為 Linux 的開發者從 1991 年就開始不斷改進 Linux 的內核。[54] 同時，Linux 可以在非常驚人的大範圍的裝置上執行，從超級電腦到遊戲主機，[55] 所以採用 Linux 代表安卓能在很多不同類型的裝置上自動執行。

第二點，因為安卓是開放原始碼，手機製造商可以客製化介面，讓他們的手機更出色。[56] 這是很好的誘因，能吸引手機製造商選擇安卓作為他們手機的作業系統。

第三點，開放安卓的原始碼，可以帶領更多人進入安卓與谷歌的生態系統。[57] 因為安卓是開放原始碼，想要大量客製化他們手機的人，會選擇安卓的衍生作業系統，而非 iOS，因為 iOS 不是開放原始碼，想要客製化很不容易。衍生的安卓系統對於谷歌也是一件好事，即使某些使用者用的不是標準版的安卓作業系統，而是衍生產品，他們還是會使用谷歌搜尋與谷歌的不同應用程式。因為更多的使用者代表更多的金錢，鼓吹開放原始碼，實際上也是幫助谷歌獲取利潤。[58]

總結來說，為什麼谷歌讓手機開發商可以免費使用安卓？或許並沒有讓谷歌直接獲利，但是這樣讓安卓有更多的使用者、更多的應用程式販售，以及更多的搜尋——這些都幫助谷歌獲取更多利潤。

主題 09　為什麼安卓手機預先安裝許多垃圾應用程式？

你買過安卓手機嗎？當打開包裝，很快就會發現到，手機裡面充斥著各式各樣你沒要求安裝的無用應用程式：NFL Mobile、Candy Crush、三星支付與 Verizon 導航（谷歌地圖的仿製品，月費是五美元），諸如此

類。[59] 手機製造商，像是三星，電信商，像是 Verizon，與手機販售商將這些委婉稱之為「預先安裝的應用程式」（pre-installed apps），並且宣稱這些可以展示手機的種種功能與性能。[60] 但是大部分的人將之稱為臃腫軟體（blotware），並且也沒有人喜歡它們。[61]

　　大多數預先安裝的應用程式，無法解除安裝，並且預設會在背景持續執行，這樣會消耗電力，拖慢手機的速度與浪費儲存空間。[62] 有個評論家發現當他打開手機包裝盒的時候，他的三星 Galaxy 手機已經有三十七個臃腫軟體應用程式，並且佔用了手機的六十四 GB 的空間當中的十二 GB。[63] 有時候實情真的很荒謬，像是 Verizon 的預先安裝應用程式在三星的 Galaxy S7 上，在不知會使用者的情況下，會下載**其他**臃腫軟體。[64]

一部裝滿了臃腫軟體的安卓手機。畫面顯示手機的擁有者被這些臃腫手機困擾，所以全部裝進了同一個資料夾，讓它們不要出現在手機螢幕上！

這不是一個很容易解決的問題。你可以停用某些臃腫軟體，預防它們在背景執行與耗損電量，但是仍然會佔據手機的儲存空間。[65]

臃腫軟體的生意

所以為什麼手機有這麼多垃圾軟體呢？手機電信商與製造商並不是要對你很壞，臃腫軟體是有利可圖的商業模式的核心。

臃腫商業軟體的商業模式的興起是因為智慧型手機製造商，像是三星，與電信商，像是 AT&T，他們發現美國的智慧型手機以及資料傳輸費用市場已經飽和。也就是，每個想要智慧型手機與資料傳輸方案的人，都已經擁有這些了，所以製造商與電信商無法從販賣這些商品取得更多利潤。於是，他們轉向新的賺錢方式——導向臃腫軟體。[66] 有兩個方法，可以讓電信商與手機製造商從中獲利。

第一，應用程式的開發者，可以付費給電信商與製造商，請他們預先安裝他們的軟體。Verizon 曾經提供大公司預先安裝應用程式的服務，每一個應用程式的安裝，收費一到二美元。[67] 換句話說，假如你的 Verizon 手機有十個臃腫軟體應用程式，Verizon 可以從你身上很輕易地賺到二十美元。這對於電信商與製造商來說，是可以不勞而獲的錢，並且這也幫助應用程式開發者將他們的軟體展示在大眾面前——這很重要，因為大部分美國人每個月下載的應用程式數目為零。[68] 唯一的輸家當然就是消費者。

第二，電信商與製造商可以預先安裝他們的應用程式，這些通常是流行的免費應用程式的昂貴仿製版本。例如，三星預先安裝他們的安卓應用程式商店，AT&T 則是預先安裝他們的領航者，一個月十美元的谷歌地圖的複製品。[69]Verizon Message+ 則是類似臉書的傳訊軟體，但是當你從無線網路發送訊息的時候會向你收費。[70]

為什麼電信商與手機製造商要預先安裝這些應用程式呢？跟其他原因一

樣，因為這也是容易賺到的錢：三星會從他們的應用程式商店販售的付費應用程式與手機布景主題賺到手續費，[71] 而電信商與手機製造商可以從昂貴的仿製應用程式中賺取費用。這些公司不希望顧客發現有其他免費的替代方案，而希望顧客能使用（或者是付錢購買！）這些預先安裝的應用程式。將應用程式設為預設是非常有用的推廣策略：即使大部分的客戶偏好谷歌地圖，蘋果公司將蘋果地圖在 iPhone 設為預設的導航應用程式。而在 2015 年，蘋果地圖在 iPhone 上比谷歌地圖更為普遍，這是因為蘋果地圖被設為預設應用程式所致。[72]

　　然而，很多使用者似乎要反抗臃腫軟體。第一點，很多人不使用無用軟體。即使是三星的臃腫聊天應用程式 ChatOn 擁有一億個使用者，他們每個月平均只使用六秒鐘，[73] 相較之下，他們會花每個月二十小時使用臉書。[74] 第二點，顧客開始在應用程式商店給予很多臃腫軟體低評價。[75] 這樣很危險嗎？深感挫折的使用者可能也會捨棄裝有很多臃腫軟體的手機，這樣可能會導致臃腫軟體的策略反噬電信商與手機製造商。[76] 但是有不裝臃腫軟體的手機嗎？

不臃腫的 iPhone

　　如果你有 iPhone，有一個可以微笑的理由：iPhone 沒有臃腫軟體。[77] 但是為什麼呢？

　　想想看蘋果公司如何賺錢：大部分的收入來自販售硬體：[78]60% 的蘋果收入來自販售 iPhone。[79] 再加上，蘋果的品牌來自平順與細緻的產品使用經驗，這也是蘋果的核心強項。[80] 所以臃腫軟體不符合蘋果的獲利策略，同時也會弱化寶貴的使用者體驗。

　　為什麼電信商沒有辦法將他們的臃腫軟體安裝到 iPhone 呢？蘋果一開始就完全禁止電信商如 Sprint 或是 AT&T，將臃腫軟體放到 iPhone 當中。[81]

這使得安卓手機看起來對電信商比較有吸引力。但是因為很多顧客想買 iPhone，如果拒絕販售 iPhone 就會顯得相當愚蠢，所以他們被迫遵守蘋果的臃腫軟體禁令。[82]

但是那些預先安裝在 iPhone 當中的蘋果應用程式如 Safari、iCloud 與蘋果地圖是怎麼回事？有些使用者不是很喜歡他們：當蘋果在 2012 年發布蘋果地圖的時候，顧客說蘋果地圖「很爛」，並且是「手機最大的缺陷」。[83]然而，我們不會將這些應用程式稱為臃腫軟體，因為你可以從手機將這些預先安裝的軟體刪除。少部分不能移除的軟體，如訊息與相機，是作業系統的核心，[84] 所以可以理解為何這些應用程式不能刪除。

不臃腫的安卓

最後，現在這個故事有了一線希望：部分安卓手機逐漸擺脫臃腫軟體。

當谷歌的旗艦手機 Pixel 在 2016 年發表之後，谷歌宣布他們不會安裝谷歌自己的臃腫軟體，讓使用者體驗跟 iPhone 的一樣洗練。[85] 然而，電信商仍然會安裝某些臃腫軟體；例如 Verizon，安裝像是 My Verizon 與 VZ Messages 在第一版的 Pixel 手機上。[86]

但是無論是透過技術限制或者是嚴格的政策，谷歌在那之後的幾年，勉力做到禁止電信商的臃腫軟體，而當 2018 年 Pixel 3 上市之後，已經沒有任何臃腫軟體了。[87]

主題 10　全世界第三大的手機作業系統是哪一個？

如果要說出全世界前三大的手機作業系統，你一定可以回答得出安卓與 iOS，但是第三個是哪一個作業系統呢？不是黑莓機，那個作業系統已經死

了。[88] 也不是微軟的視窗手機，它也已經死了。[89]

答案是 KaiOS，是可以在具有網際網路連線能力的手機上執行的輕量作業系統。它特別將目標放在印度市場，在印度已經是第二流行的手機作業系統了。[90]

要跟另外兩位手機巨人競爭是相當困難的，即使是像微軟這樣的巨人也做不到。[91] 但是 KaiOS 支撐印度市場 15％的手機，遠落後於安卓的 70％，但是比 iOS 的 10％要多。[92] 所以為什麼是 KaiOS，以及如何成長到第三位，而其他手機作業系統卻都失敗了呢？

KaiOS 讓可以具有網際網路連線功能的手機執行許多流行的應用程式。

資料來源：*DeCode*[93]

Jio 手機

KaiOS 的故事是從 Jio 開始的，Jio 是一個電信供應商，在電信巨人 Reliance 的補助下，於 2016 年開始營運。Jio 大刀闊斧提供永久的免費語音通話，與只需要五十盧比（大約 0.75 美元）的一 GB 行動數據量；相較於其他印度既有的電信商而言，是相當巨大的折扣（事實上，在那個時候，Jio 提供的行動數據只收取平均美國電信商的十分之一價格而已）[94]。Jio 立即造成轟動，在半年內就有了一億個訂閱戶。[95]

　　但是 Jio 了解有五億個印度人沒有智慧型手機，手機往往超出他們可以負擔的價格範圍，這也限制了 Jio 的發展。所以在 2017 年，Jio 發布了 Jio 手機，一個輕量型的手機，幾乎免費；你只需要付一千五百盧比（那時候約為二十美元）的押金，在三年之後就可以把押金取回。[96]

　　Jio 手機設法提供可靠且低廉的 4G 通信，他們移除觸控式螢幕、將螢幕解析度縮小，以及只提供最基礎的相機。它甚至支援二十五種語言。突然之間，印度鄉間的農夫可以使用應用程式，以及串流影片，以前他們根本不知道手機是什麼。[97] 確實，大部分的印度人略過桌上型電腦階段，直接跳進行動裝置，[98] 所以 Jio 手機是許多印度人對於現代科技的首度嘗鮮。

Jio 手機一支價值二十美元，手機的作業系統是 KaiOS。它綁著便宜的資費與免費語音通話。
資料來源：*GadgetsNow*[99]

　　Jio 手機需要一個作業系統，但是安卓──即使是輕量型的安卓變異作業系統 Go──仍然需要智慧型手機的規格與功能，如觸控式螢幕。[100] 所以

Jio 轉而尋找新的作業系統 KaiOS，可以提供有應用程式與網際網路連線體驗的功能型手機。[101]KaiOS 被預先安裝在所有 Jio 手機上。[102]

從灰燼中升起

　　KaiOS 是架構在火狐（Firefox OS）作業系統之上，火狐作業系統原本的目標是要給開發中國家一套行動裝置的作業系統。謀智（Mozillza）——火狐瀏覽器與火狐作業系統的創造者——了解到安卓與 iOS 對於輕量型手機而言都太笨重，而且必須下載，而網站則比較輕量，可以立即載入。所以謀智製造的火狐作業系統是以網站為基礎的作業系統。他們有「應用程式」可以看 YouTube、收 Gmail 與計算機等等，但是他們只是客製化的網站，也被稱為 HTML5 應用程式。[103]

　　然而，火狐作業系統的問題在於它是為了有觸控式螢幕的智慧型手機而設計，這意味著它將會跟安卓正面交鋒。而當安卓開始提供開發中市場越來越便宜的智慧型手機，火狐作業系統也被擠出市場。[104] 火狐作業系統從未獲得任何注意力，然後就在 2016 年停止開發。[105]

　　KaiOS 了解這個問題，相較於火狐作業系統有問題的商業策略，KaiOS 的技術架構是完整的。因為火狐作業系統是開放原始碼，KaiOS 取得火狐舊的原始碼，建立了新的作業系統。新作業系統仍然是以網頁為基礎，但是只用於沒有觸控式螢幕的功能型手機。並且，與其從安卓的市場中分一杯羹，KaiOS 選擇擴大市場，朝向功能型手機進軍，而這也是安卓不會觸及的部分[106]（低端的安卓手機雖然便宜，但是仍然無法與 Jio 手機匹敵）。

　　KaiOS 第二個聰明的地方是在於明白大家需要像是 WhatsApp 與 YouTube 這樣的應用程式。所以它跟谷歌合作，建立客製化版本的谷歌搜尋、谷歌地圖、YouTube 以及谷歌幫手；這些應用程式預期比直接看網頁的行動裝置版，有更好的使用者體驗。[107]

Jio 手機的成長速度相當瘋狂，一年半內就賣了四千萬台。[108]KaiOS 也表現得相當好，有超過八千五百萬台裝有 KaiOS 的手機，販售到超過一百個國家。[109]

主題 11

Mac電腦會中毒嗎？

多年以來，Mac 電腦最大的賣點之一是「不會中毒」。[110] 在 2006 年，蘋果公司有名的「買個 Mac」（Get a Mac）廣告宣傳中，蘋果甚至做了一個健康的 Mac 角色給生病的個人電腦（PC）角色一張衛生紙。[111]

但是 Mac 電腦真的對病毒免疫嗎？

首先要知道的是：Mac 電腦不會感染視窗作業系統的病毒。[112] 這只是因為任何為了視窗作業系統所寫的應用程式，不論是谷歌瀏覽器的安裝程式，或者是最壞心的病毒，都無法在 Mac 電腦上執行。兩個平台彼此不相容。

雖然視窗作業系統的病毒不會感染 Mac 電腦，但是為了 Mac 電腦而寫的病毒，的確會感染 Mac 電腦。[113] 然而許多人堅決認為 Mac 不會感染病毒。[114] 為什麼會這樣呢？

Mac 電腦的強項

認為 Mac 電腦天下無敵的人有兩個論點。第一個論點是，因為 Mac 電腦沒有很普遍，所以駭客不會花時間去針對 Mac 電腦做攻擊；另外一個論點則是 Mac 電腦很安全，所以沒有病毒會感染它們。[115]

讓我們來看第一個論點。Mac 電腦沒有很普遍是真的：在 2017 年的時候，二十五台電腦當中，只有一台是 Mac，其他都是執行視窗作業系統的個人電腦。[116] 因為駭客通常是為了賺錢，理論上他們會聚焦在視窗作業系統

上，因為有更多的獵物。[117]

　　這是一個不壞的論點，但是有個隱藏的問題：駭入一台 Mac 電腦，也許可以賺到比駭入一台個人電腦更多的錢。Mac 電腦在富裕的國家更為普遍，在西方國家，其電腦的市佔率大約落在 20％到 30％，而使用 Mac 電腦的人通常比使用視窗作業系統的人有錢。[118] 這或許會給駭客一個理由去設定 Mac 電腦為目標對象，因為使用 Mac 的受害者賺比較多的錢。所以「Mac 電腦不普遍」的論點是合理，但實際上是錯誤的。

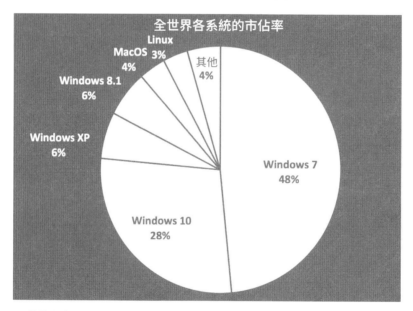

全世界桌上型電腦作業系統的市佔率。值得注意的是 Mac 電腦只佔了所有電腦的4％，相較之下，視窗作業系統則是有超過 88％的市佔率！
資料來源：*NetMarketShare*[119]

　　關於宣稱 Mac 比個人電腦更為安全又是怎麼回事呢？ Mac 有些內建的安全性功能，比較難被駭客入侵。根據預設的規則，Mac 的使用者不能安裝有潛在風險的軟體，或者是更改某些設定，除非他們輸入密碼確認。相較之

下，視窗作業系統比較少這些限制。[120] 這意味著，惡意的流氓軟體（rogue software）不可能在不引起使用者的注意下，進行傷害電腦的行為。麥金塔電腦也有一個稱為「沙盒」（sandboxing）的功能，當電腦中有一部分遭到病毒感染，不容易感染到其他部分。[121] 這就如同你將房子內的每一個房間都上鎖了，如果有個小偷入侵到某個房間，當他想入侵到其他房間，必須付出額外的時間與力氣。最後 Mac 作業系統有內建的惡意軟體掃描功能，如果軟體的作者沒有經過蘋果審核通過，該軟體就會被封鎖。[122] 將這些功能整合起來，Mac 看起來比個人電腦更難被入侵與感染。

Mac 的弱點

但是儘管 Mac 有很多安全特性，它們也會（已經有）感染病毒。例如在 2012 年，超過六十萬台 Mac 感染了「Flashback」病毒，這是到目前為止最大規模的 Mac 感染事件。[123] 在接下來的幾年，幾個 Mac 病毒，包含「Rootpipe」與「KitM.A」開始出現。[124]

很顯然，Mac 也不能對病毒免疫。事實上，根據 2017 年的分析，發現 Mac 作業系統比 Windows 10 有更多的安全漏洞。[125]

並且不管你的作業系統有多安全，你總是會有遇到「社交工程」（social engineering）攻擊的風險，例如網路釣魚，這是欺騙使用者提供個人資訊，好讓駭客利用這個資訊來進行詐騙。[126]

| 第 **3** 章 |

應用程式經濟

在 2010 年，蘋果公司註冊了一個口號：「有一個應用程式可以做這件事」（there's an app for that）[1]。的確，應用程式似乎掌控了全世界。市值數十億美元的公司，如優步（2008 年成立），[2] Airbnb（也是 2008 年成立），[3] 以及 Snapchat（2011 年成立）[4] 都是建立在應用程式之上。全部的「應用程式經濟」（app economy）估計約有一千億美元。[5]

所以這些在手機裡的小圖像，如何最後變成了幾十億美元的經濟活動呢？ 這一個「應用程式經濟」的規則與「傳統經濟」（traditional economy）中的走進商店，從架上買走商品的規則相當不同。讓我們來探索這個奇異的新世界。

主題 12　為什麼幾乎每個應用程式都是免費下載的呢？

一個中尺寸的披薩可能要花 9.99 美元，洗一次車大約要十五美元，你一個月大約要付四十五美元的電話資費。

但是幾乎你手機上的每個應用程式都是免費的。Instagram、Snapchat、Dropbox、Venmo，與谷歌地圖——全部都免費。事實上，在安卓與 iOS 上獲利最高的應用程式的前一百名當中，只有一個是付費應用程式，就是「當

個創世神」（Minecraft）這個遊戲應用程式[6]（同時，儘管手機遊戲「要塞英雄」〔Fortnite〕是免費下載來玩，但獲利超過十億美元）。[7]

然而，很多推出免費下載應用程式的公司，獲利都有幾百萬美元。例如 Snapchat 是完全免費，但是 Snapchat 的母公司（Snap, Inc.）在 2017 年上市的時候，價值三百三十億美元。[8]它顯示了應用程式經濟與「普通」經濟有多不相同：假如必勝客說要從免費提供披薩來獲利，你也許會覺得他們瘋了。

所以應用程式開發商如何不透過販賣應用程式賺錢呢？他們有一些很聰明的商業模式，也被稱為「換成錢」（monetization）的策略。讓我們來看一下當中最為流行的一個方法，其被稱為「免費增值」（freemium）。

免費增值：想要更多功能，請付錢

假如玩過 Candy Crush，會注意到應用程式本身是免費的，但是當你開始玩遊戲，會不斷被要求付費，購買更多生命以解鎖下一關。[9]同樣的，約會應用程式 Tinder 讓你「滑入」（swipe）可能的戀愛對象——但一天只限幾次。假如你想「滑入更多」，必須付費購買 Tinder Plus，這是每月訂閱的服務。[10]

這個商業模式稱為「免費增值」，[11]並且也很簡單。把應用程式免費釋出，所以會有相當多的人來下載，然後讓使用者購買額外的「超值」（premium）功能（所以這個方法稱為「免費增值」）。[12]到處都有免費增值：這是許多手機遊戲，如 Candy Crush 與寶可夢 Go 賺錢的方法。[13]而且這在流行的應用程式當中很常見，如 Tinder、[14] Spotify[15] 與 Dropbox。[16]

免費增值遊戲通常利用兩大策略當中的一項來獲利：應用程式中購買與付費訂閱。讓我們深入討論。

應用程式中購買

寶可夢 Go 是免費的遊戲，但是可以利用真實金錢購買遊戲中的貨幣，
這些貨幣可以用來購買遊戲中的商品。

資料來源：寶可夢 Go 安卓版本

　　應用程式中購買通常指額外的功能或者是應用程式中的虛擬物件，這些都可以透過實際的金錢購買。[17] 應用程式中購買是手機遊戲的生財方法。就如同我們之前提到的，Candy Crush 是賣多出來的生命值。寶可夢 Go 讓你購買貨幣，用於兌換額外的寶貝球或者是可以用藥水強化你的寶可夢。[18] 有些應用程式中購買的目的只是當作化妝品：「要塞英雄」玩家花費幾百美元買襯衫與舞步，用來客製化他們在遊戲中的圖像。[19]

　　但是，付費升級對遊戲玩家來說不是新鮮事。即使幾十年的個人電腦遊

戲，如「魔獸世界」（World of Warcraft）[20] 或者是「模擬城市」（SimCity）[21]，長年都有提供付費購買的「擴充包」。主機遊戲也有透過可供下載的內容提供應用程式中購買，這些內容讓你可以購買後使用新的物品、關卡與挑戰。[22]

應用程式中購買主要是用於遊戲當中，然而有些一般的應用程式也有提供。例如 Snapchat，使用者可以購買地理位置濾鏡用於特別的活動。[23] 並且很多安卓／iOS 的應用程式可以藉由購買升級版本來移除應用程式通常會有的廣告。[24]

遊戲與應用程式開發商喜歡使用應用程式中購買的一個最大理由是，應用程式中購買所獲得的是純粹的利潤：當應用程式與遊戲一開發完成之後，基本上給予使用者的虛擬物件，例如配備與地理位置濾鏡，對開發者而言不需要付出什麼成本（換句話說，邊際成本是零）。[25] 但是設計不良或者是不誠實的應用程式中購買可能導致反彈。例如當顧客發現免費的臉書遊戲，誘騙小朋友花數百美元購買遊戲中的物件時，引發了眾怒。[26]

付費訂閱

除了應用程式中購買之外，另外一個主要的「免費增值」的商業模式是付費訂閱，這類似每月的電話費帳單。通常，訂閱可以讓你用月費，解鎖有用的新功能。付費訂閱的商業模式可以很容易被識別，只要尋找「更多」（Plus）、「超值」（Premium），或者是「黃金」（Gold）這些字眼。

訂閱制也進入非遊戲的應用程式的領域，並且處處都可以看得到。我們提到過的 Tinder Plus，讓你可以每月付少許的金額，獲得不限次數的滑入，以及額外的功能。[27] 領英 LinkedIn Premium 則是要求每月支付費用，這樣你就可以寄電子郵件給尚未與你連結的人。[28] 你可以在 Spotify 上聽串流的音樂，但是如果要移除廣告與離線儲存音樂，就必須購買 Premium 訂閱內容。[29] 即使是微軟，他們也已經靠著販售 Office 辦公室軟體來賺了好幾年

錢，現在他們免費提供某些 Office 辦公室應用程式，但是鼓勵使用者繳年費訂閱 Office 365。[30]

Spotify 免費聆聽或訂閱超值版

Spotify 免費	Spotify 加價超值版
$0.00 ∕月	**$9.99** ∕月
	開始 30 天免費試用
✓ 隨機播放	✓ 隨機播放
✓ 無廣告	✓ 無廣告
✓ 無限制跳過	✓ 無限制跳過
✓ 線下聆聽	✓ 線下聆聽
✓ 播放與追蹤	✓ 播放與追蹤
✓ 聲音高品質	✓ 聲音高品質
得到免費版	得到超值版

Spotify Premium（超值版）是個經典的付費訂閱的例子：
支付少許的月費，用以獲取額外的功能。
資料來源：Spotify[31]

　　某些網站與應用程式也開始使用訂閱制，例如《紐約時報》，每月可以免費讀一些文章，但是也能藉由月費看所有內容。[32]

　　有兩大理由讓應用程式製造商開始轉向訂閱制。第一個是他們提供了穩定且可靠的收入來源，相較之下，一次買斷的模式只有在發布新的版本或者是大當機發生的時候，才能獲取大量的收入。第二點是訂閱的顧客會比較長時間使用應用程式（也許是因為相較於一次性買斷，他們覺得跟應用程式有長久的關係），這代表使用者會在使用過程中，持續支付應用程式製造商更多的金錢。從商業名稱來說，顧客將會有較高的「終生價值」（lifetime value, LTV），而極大化終身價值對於數位商務來說如同聖杯，是追求的重

大目標。[33]

獵捕鯨魚

也許你有相同的經驗，就是大部分的人都想要免費獲得軟體：根據一項研究顯示，在 iOS 所有被下載的應用程式中，只有 6％需要付費購買。[34] 是的，即使是一美元，對大多數的人來說也是太多錢。但是當大部分的人不願意付錢，有一小部分的人會願意花很多錢去購買常用的應用程式。經濟學家稱之為「八十／二十法則」，或者是「帕累托原則」（Pareto principle）：20％的顧客產生 80％的收入，而其他 80％的顧客產生剩下的 20％利潤。[35]

應用程式開發者的關鍵，在於找到願意付錢的 20％的人（在業界，這些稱之為「鯨魚」〔whales〕，也許是因為這些人既少且巨大），並且從他們身上盡可能榨出錢來。[36] 這些鯨魚很巨大：一個手機遊戲的付費使用者，一年平均會花費 86.5 美元在應用程式中購買。[37] 有些鯨魚是正面意義的那條《白鯨記》中的莫比・迪克抹香鯨：在 2015 年，一款手機遊戲「戰爭遊戲：火之年代」（Game of War: Fire Age）從每個使用者身上賺了幾乎五百五十美元。[38]

因為重度應用程式使用者是最有可能付費的一群人，大多數的應用程式中的購買或者是付費訂閱目標鎖定花相當多時間在應用程式中的使用者。例如，記得 Tinder 是如何允許你付費以獲取無限次數的滑入。大多數的使用者從來不會滑入足夠的次數，所以不會用完他們每日的免費滑入，但最熱衷的使用者很快就會用光。也因為這些使用者如此投入，他們不會介意花些錢來獲取更多的使用次數；相較之下，偶爾玩玩的使用者即使所要花費的金額相當低廉，也會猶豫不前。[39]

簡而言之，免費增值的策略是：提供免費的應用程式以吸引大量的使用者，[40] 接著尋找喜愛這款應用程式的「有力使用者」（powerful users），並

且針對額外的功能對他們收費——無論是一次收費或者是持續的訂閱制。

　　但是一家公司如何在不向使用者收費的狀況下獲利？讓我們持續看下去。

主題 13　臉書如何賺進十幾億的財富，但不需要向使用者收取一分錢？

　　免費增值的商業模式可以獲得相當高的利潤。但是想想谷歌與臉書。你也許使用過他們的應用程式，從地圖與文件，到 Instagram 與臉書應用程式，在這些年當中，你可能沒有付過他們一分錢。[41] 所以假如他們沒有使用免費增值，那麼他們是如何賺錢的呢？

　　簡單的答案是：**定向廣告**。讓我們分析定向與廣告這兩個字詞所代表的意義。

廣告拍賣

　　或許你已經看過，應用程式與網站長久以來都是使用廣告來賺錢。他們收取少量的廣告費用，將廣告展示在應用程式與網站上。但是應用程式與網站如何知道該收取多少廣告費呢？有兩種主要方式。

　　第一，應用程式與網站可以根據每次觀看廣告就收取小額費用的方式，跟廣告商收錢，這個策略稱為「按次收費」（Pay-Per-Impression, PPI）[42]。因為有很多人看廣告，所以應用程式與網站通常是以每多增加一千次的觀看人數，收取費用；一個廣告宣傳的價格可以是每一千次的觀看收費五美元。因為廣告商常常是以一千次作為單位付費，「按次計費」更常被稱為「千人成本」（Cost-Per-Mille 或者是 CPM）[43]（Mille 是來自於英文當中的前綴字

milli，如英文的公釐為 millimeter）。

另外一種方式是，應用程式與網站可以當有人真的按下廣告之後，才跟廣告商收費，這個方式稱為「點擊成本」（Cost-Per-Click, CPC）。比「點擊成本」更廣為人知的名稱是「付費點擊」（Pay-Per-Click, PPC）。[44]

谷歌[45] 與臉書[46] 都同時提供 CPM 與 CPC 的廣告收費模式。當廣告商想在谷歌與臉書的產品上放置廣告，如谷歌搜尋與臉書的動態消息，廣告商指定他們願意付多少錢給觀看與點擊，稱為「投標金」（bid）。每次當有訪客進入頁面的時候，所有廣告商都會進入立即的「競標」（auction），贏家的廣告就會顯示出來。[47]

提出的競標金額越高，廣告就越有可能出現，但是出價最高的人未必會贏。谷歌與臉書有考慮到其他標準，例如廣告的相關性，來決定廣告是否會出現。為什麼？越相關的廣告越有可能獲得越多的點擊，相較於出價高、但內容不相關的廣告，點擊率高的廣告能為他們賺到更多的錢。想一下：如果你是谷歌，你願意顯示競標金五美元，被點擊十次的廣告，還是競標金二美元，卻被點擊一百次呢？[48]

廣告是谷歌與臉書的獲利方法，但是他們能賺取**非常多**金錢的理由，是因為他們有一項稱為「定向」（targeting）的技術。[49]

定向廣告

除了很積極想購買家具的時候，你是否曾經點擊過一個沙發的廣告呢？也許不。這或許是電視與雜誌廣告的一個缺點，這些廣告向每個人轟炸廣告訊息，但可能是白費工，因為只有一小部分的閱聽眾感興趣。[50] 但如果廣告商策略性地向正在搬進宿舍或者是新家而需要家具的人，發送沙發廣告呢？這或許更有效。

「廣告定向」策略的差異，真正將谷歌與臉書和其他家廣告區隔開來。

因為使用者在谷歌與臉書的應用程式與網站上進行相當多的活動，這些公司非常了解使用者的喜好，然後利用這些資料定向推送給使用者，這使他們提供使用者免費的服務，但是能從廣告中獲利。[51]

例如，谷歌注意到使用者在搜尋「選擇手錶指南」或者是「便宜手錶的價格」，谷歌可以推測使用者正準備買一只腕錶。然後他們可以在使用者做進一步搜尋的時候，顯示手錶的廣告給使用者。因為這些高度定向的廣告與使用者更為相關，相較於無定向的廣告，使用者會更有可能點擊。[52] 越多的點擊會導引越多的購買，所以定向廣告幫助廣告商賺越多的錢。

換句話說，定向廣告改進了「點閱率」（click-through rate, CTR），這使得廣告商吸引更多人以增加獲利。因為谷歌與臉書比其他公司有更多使用者的資料，他們的定向廣告做得相當好，所以能向廣告商收取高額的費用。[53] 以使用者資料為基礎的定向廣告是有利可圖的：谷歌與臉書的所有收入幾乎都來自於廣告。[54] 臉書來自於廣告的收入一年約三百億美元，[55] 幾乎佔了他們收入的 99%。[56]

所以，定向廣告是好還是壞呢？隱私權的倡議者擔憂這些大公司是如何追蹤你的每一個點擊，[57] 以及知道大量關於你的興趣、習慣與活動。[58]

但是這也許就是做生意的代價：世界上沒有免費的午餐，你不須付費給谷歌與臉書的產品，而是給出你的個人資料。[59] 這些爭論在矽谷總結為一個諺語：「如果你不付費給一個產品，你**就是**產品」。[60]

廣告版圖

廣告定向很有威力，而且沒有別的公司做得比谷歌與臉書好。這兩大巨頭幾乎掌控了廣告業，合佔了行動廣告市場的一半。[61] 對於比較小的新創公司來說，很難透過定向廣告賺錢，因為谷歌與臉書擁有相當大量的使用者資料，廣告商才會跟他們買廣告。

有一家公司可以讓谷歌與臉書感到威脅，就是亞馬遜的廣告部門，目前美國第三大的廣告平台。[62] 有一半的人，在網路上搜尋產品進行網購的時候，選用亞馬遜進行搜尋，而不是谷歌。[63] 隨著觀看人數逐漸增加，亞馬遜可以將廣告直接放在商品列表上，這時使用者已經是高度想要購買東西，並且因為亞馬遜確實知道使用者買了什麼，它也能用驚人的準確率知道你可能會想買什麼。[64]

換句話說，亞馬遜利用廣告導引購買，或者是「直接反應廣告」（direct-response-ads）來跟谷歌競爭。[65] 所以新的廣告公司的確有可能加入定向廣告的戰局，雖然亞馬遜不是小型的新創公司。

賣掉你的資料？不盡然

最後，有很重要的一點要指出，谷歌與臉書，以及其他大部分使用廣告的軟體公司，並沒有將你的資料賣給廣告商。廣告商將廣告送到谷歌與臉書，這兩家公司會使用你的資料，決定你會看到哪些廣告。你的資料在谷歌與臉書的電腦上被大量使用，但是資料並沒有離開他們的電腦。[66] 實際上，將資料保留在自己的公司內，對谷歌與臉書有幫助，這樣可以強迫廣告商持續回來找他們。[67]

然而，臉書最近這幾年飽受批評，因為在沒有告知使用者的情況下，將資料給了其他人。他們與硬體裝置商如蘋果與三星是合作夥伴，臉書將使用者資料給予合作夥伴，換取臉書在手機上的特殊位置。[68] 臉書也與亞馬遜交換資料，藉以幫助強化臉書的朋友推薦功能。[69]

簡而言之，以廣告獲利為主的公司——大部分的公司——並沒有販售你的資料。如同《電腦世界》雜誌所言，更準確地來說，這些公司是在**賣你**。[70] 而這個策略很成功，這些公司可以不向使用者收費，但是仍然能夠建立價值十幾億美元的公司。這是應用程式經濟的特別之處。

主題 14　為什麼新聞網站有很多「贊助新聞」呢？

當你想到廣告的時候，也許會想到橫幅廣告：那些顯眼的、有動畫效果的長方形在網頁或者是應用程式的底部呈現。橫幅廣告在網站上仍然流行，但是主要的應用程式越來越少有橫幅廣告，因為廣告很擾人，而且也佔據了寶貴空間。[71] 更進一來說，使用者現在很少點擊橫幅廣告，所以橫幅廣告並沒有很高的獲利。事實上，在現在，使用者有意去點擊橫幅廣告的比例是0.17%[72]，大約是每出現六百次廣告才有一次的點擊。

但是現在，有一種新的形式的橫幅廣告，比較不擾人，並且也很難被忽略。[73] 當你捲動 Instagram 的動態消息的時候，會發現有些內容不是來自朋友，而是那些想要賣你東西的公司。[74] Snapchat 讓廣告商製作濾鏡，讓數以百萬計的人能看到，[75] 推特甚至讓廣告商購買主題標籤來開始導引「趨勢」（trending）。[76]

你看到跟以上這些有關係的字眼了嗎？贊助（sponsored）。[77] 贊助內容，也稱作「原生廣告」（native advertising），意味著這些廣告會跟正常的內容混合在一起，使用者會比較認真看廣告，而不是跳過不看。[78]

贊助廣告在新聞業發展得特別快速。[79] 廣告商可以付費將看起來正常的文章（其實就是廣告）放在新聞網站，如《紐約時報》、CNN、NBC 與《華爾街日報》的正常文章內。[80] 較新的媒體公司，像是 BuzzFeed 也喜歡原生廣告。[81] 有越來越多的「新聞」變成包裝過的廣告。例如，《紐約時報》曾經做過一則新聞，關於為什麼傳統的監獄制度對女性犯人沒有作用。這是一篇做過良好調查、有吸引力的故事，但是這則新聞全部是網飛影集《勁爆女子監獄》（*Orange is the New Black*）的廣告。[82]

《紐約時報》的一篇關於監獄中的女性的新聞文章。這篇文章寫得很好，但是這是一篇
網飛的電視連續劇《勁爆女子監獄》的原生廣告。

資料來源：《紐約時報》[83]

　　贊助內容對廣告商是非常有效的：原生廣告被點擊次數是一般橫幅廣
告的二倍。並且對於新聞出版商也成為一個很好的收入來源。[84] 例如，在
2016 年，《大西洋雜誌》預期有四分之三的數位廣告營收來自於原生廣
告。[85] 因為網際網路摧毀了新聞業的傳統商業模式，原生廣告是少數幾個可
以讓報業的經濟狀況改善的獲利方式。

原生廣告很強而有力，但同時也很危險，因為會讓讀者難以分辨事實與行銷內容。[86] 事實上，路透社發現有 43％的美國讀者 [87] 覺得原生廣告讓他們「失望與被騙」。[88] 並且，更根本的是，原生廣告打破了新聞出版業傳統上建立的記者與商人之間的那道牆。[89] 換句話說，原本寫新聞的人，現在改寫廣告內容，記者的正直立場將會被妥協。[90]

是否原生廣告存在著一線希望？或許是。有個研究顯示 22％的消費者覺得原生廣告具有教育性，相較之下，橫幅廣告只有 4％的人如此覺得。[91]

主題 15　Airbnb 如何賺錢？

亞馬遜、優步與 Airbnb 的應用程式都可以免費下載，從不向使用者收取費用，並且只有少數的廣告——如果有的話。所以他們是怎麼賺錢的？

像這些「市集」（marketplace）或者是「平台」（platform）應用程式，連結賣家與買家（或者是乘客與司機等等），偷偷地從你的購買中收取手續費。[92] 這有點類似政府藉由營業稅賺錢，或者是不動產仲介在幫你買屋或者是賣屋時收取手續費。

例如，Airbnb 包含了「服務費」（sevice fee）在預訂住宿中。屋主付 3％的費用，房客付另外的 6％到 12％的部分。[93] 這些費用是 Airbnb 的主要收入來源。[94]

其他市集應用程式也收取手續費。優步從每個司機賺得的費用抽取 20％到 25％。[96] 亞馬遜從第三方廠商上架與銷售他們的商品獲取利潤。[97] 確實的抽成隨著商品不同而有所差異，但是根據經驗來說，亞馬遜的書籍抽成費用大概從 30％到 65％。[98]

Airbnb 藉由在預約住宿中收取小額的「服務費」來獲利。

資料來源：Airbnb[95]

以上是大部分市集應用程式賺錢的方法。有沒有任何市集應用程式販售應用程式賺錢，而不是賺取手續費呢？讓我們繼續看下去。

主題 16　羅賓漢app如何讓你進行股票交易，但是不需要付手續費？

買賣股票是投資你的所得，並且賺取額外金錢的好方法，但是每次交易都必須付費給股票經紀人。不然，你可以怎麼做呢？股票交易應用程式羅賓

漢讓你免費交易股票。[99] 是的，零手續費。

所以他們如何獲利呢？羅賓漢有兩個主要獲利的方式。[100]

第一，他們運用經典的免費增值模式，幫助「有力」的使用者獲得更多的可用功能。羅賓漢黃金版讓你可以在幾小時後交易（例如，在正常交易日，也就是北美東部時間的早上九點半到下午四點，數小時前或後進行交易），它同時也會借錢給使用者，讓使用者在目前無法負擔的交易額下，仍然能進行交易。[101]

第二個方法則是相當聰明。羅賓漢從使用者帳號中未使用的資金賺取利息，這就很像是使用者將未使用的金錢放在銀行中賺取利息。[102]

如上所述，應用程式的商業模式越來越巧妙。讓我們來看一些更有創意的商業模式。

主題 17　app如何在不顯示廣告與向使用者收費的情形下賺錢？

我們目前所談到的所有應用程式，都是靠顯示廣告與向使用者收費來賺錢（如果沒有一開始就收費，也會透過訂閱、應用程式中購買與收取手續費等方式）。有沒有其他方式，讓應用程式可以有足夠的獲利呢？應用程式有可能從除了使用者與廣告商以外的人賺錢嗎？

答案是，的確有這種方式。讓我們藉由看看這些聰明的商業模式來結束這一章。

第一，你可以從使用者與廣告商以外的人收取費用。例如，提供旅遊預訂服務的 Wanderu，幫助使用者找到最好的巴士車票，並且轉介到如 Greyhound 與 Megabus 這些巴士公司的網站上買票。Wanderu 並沒有向購買

者收取費用，但藉由將使用者導引到巴士公司網站賺取手續費。[103]

　　或者，應用程式也可以完全沒有任何收入而存活下去。這聽起來似乎不可能，但是在科技業的世界裡，它發生了──暫時而言，至少是如此。

　　某些應用程式就是活在借來的時間裡（以及創投的資金中），一直提供免費的服務，直到他們夠大可以開始獲利──換句話說，「先成長，後獲利」。[104] 例如，Venmo 沒有從使用者彼此之間的付款賺取任何金錢。如果使用者在銀行帳號之間轉帳，是不會被收取任何費用的。如果是從信用卡當中付費，它也只收取 3% 的費用，這就是要付給負責處理交易的公司的金額。[105]

　　2018 年，Venmo 在擁有足夠大的使用者量的情況下，決定開始賺錢。它宣布現在可以利用 Venmo 支付優步的費用，並且發行自己的簽帳金融卡。在這兩個案例中，Venmo 對廠商收取小額的費用。有些人也想到 Venmo 可以開始做定向廣告，因為他們知道使用者把錢花在哪裡。[106]

　　其他的應用程式則是希望在他們資金用完之前能被買下來。例如，有一個免費的電子郵件應用程式叫作信箱（Mailbox），2013 年出現在市場上，很快地，它一天就傳遞了六千萬個訊息。[107] 然後，在開始發布之後的一個月內，Dropbox 買下這個應用程式與整個團隊，[108]，花了一億美元。[109] 結局有點悲劇：Dropbox 在 2015 年停止這個應用程式，並且將員工轉到其他團隊。[110] 或許你會說我們有些憤世嫉俗吧，不過信箱有能力爆炸性地成長，並且有個具吸引力的「退場」（exit），就是因為他們的服務是免費的。[111]

　　簡而言之，應用程式開發商必須變得更為狡猾與巧妙，因為現在的使用者都要求應用程式是免費下載的。令人注意的是，應用程式開發商從來不缺獲利的聰明點子。下一個獲取大量利潤的策略是什麼呢？你現在讀完這一章，未來或許可以想出新的點子。

| 第 **4** 章 |

網際網路

在 2006 年，阿拉斯加的參議員泰德‧史蒂文斯（Ted Stevens），
負責建立新的網際網路規則，在他這個不出名的演說中，試圖去
解釋網際網路是如何運作：

「有十部電影在網際網路上播放，你個人的網際網路會發生什麼
事情呢？我在幾天前拿到……我收到工作人員在週五早上十點寄
給我的一個網際網路。我在昨天拿到。為什麼？因為它跟網際網
路的所有東西全部大量糾纏在一起……他們想在網際網路上傳輸
大量的資訊。再說一次，網際網路不是什麼你可以堆放什麼東西
的地方。它不是一個大卡車。它是一連串的管子。」[1]

很明顯地，史蒂文斯參議員不懂網際網路。但是我們懂嗎？

主題 18 當你輸入「google.com」並且按下輸入鍵，會發生什麼事？

你也許每天都會打開網頁瀏覽器，並且在網址列輸入「google.com」。
但是從你點擊輸入鍵到熟悉的首頁出現在螢幕上這中間，到底發生了什麼
事？

網址

在開始談網站之前，讓我們先談談建立建築物的地址。每一個建築物都有一個地址，讓人可以簡單並且一致地找到。假如我們要五十個人到以下的美國地址「1600 Pennsylvania Avenue Northweast, Washington, DC, 20500」（華盛頓哥倫比亞特區西北區賓夕法尼亞大道 1600 號，郵遞區號 20500），他們最後都可以找到正確的同一個地方。即使有些人從未到過美國，也都能找方法到這個建築物：先到哥倫比亞特區，到西北區賓夕法尼亞大道，接著走到 1600 號的建築物。

每個網頁都有它們的網址，就如同建築物一樣，在這個例子當中也許是 http://www.nytimes.com/section/sports。

和同建築物一樣，網址讓不同的人可以很容易地找到同一個頁面。例如，假如你將 http://www.nytimes.com/section/sports 這個網址送給五十個朋友，最後他們都會到同一個頁面。這個網址稱作 URL（Uniform Resource Locator，一致性資源定位器）。

在我們的例子裡，你輸入 google.com。但是這個網址顯示 https://www.google.com！其他的東西是什麼呢？

當你輸入 google.com，網址列是顯示 https://www.google.com。
資料來源：安卓作業系統上的 Chrome 瀏覽器

回到我們的建築物例子，可以注意到如果將地址縮短，人們仍然可以知道你指的是什麼。例如，將「1600 Pennsylvania Avenue Northweast, Washington, DC, 20500」，移掉郵遞區號，並且將「northwest」縮寫「NW」，原本地址改為「1600 Pennsylvania Avenue NW, Washington, DC」。甚至縮寫為「1600 Penn Ave NW, Washington, DC」，人們仍然知道你指的是什麼（試著將以上的地址輸入到谷歌地圖——結果都是顯示白宮）。

同樣地，google.com 是真正的 URL https://www.google.com 的縮寫，但是瀏覽器知道這個縮寫代表什麼，所以會將其他內容補上。[2] 但是 URL 的其他內容是什麼意思呢？

位址解碼

當瀏覽器看到完整的 URL 的時候，它將 URL 拆解，才能知道要到哪個頁面去。這就如同你將地址拆解成門牌號碼、街道、城市、州別與郵遞區號。讓我們如同瀏覽器一樣地拆解 URL。

第一個是 *https://*，這被稱為「通訊協定」，這定義瀏覽器該如何連接到網站。有個類比關係可以參考，假如想要叫優步送你到白宮，你有一些車型可以選擇：如 UberPOOL、UberX 或者是 UberBlack（昂貴的車型）。[3]

同樣的，當想要連結到網際網路上的時候，有兩種方式，或者說是「通訊協定」。預設的通訊協定是 HTTP，也就是超文字傳輸協定（HyperText Transfer Protocol），在 URL 中的顯示方法為 *http://*。更為安全與加密的 HTTP 的版本是 HTTPS，安全超文字傳輸協定（HyperText Transfrer Protocol Secure），在 URL 上顯示為 *https://*。[4] 它們很像，除了 HTTPS 代表瀏覽器應該要加密使用者的資訊，避免被駭客入侵。如果你曾在網上輸入過密碼，或者是輸入過信用卡號碼，那這些網站應該要使用 HTTPS。[5] 在這個例子裡，瀏覽器知道要使用 HTTPS 取代 HTTP——這就如同你跟朋友說要坐優步的

UberBlack 服務的車子，而不是 UberX。

　　URL 的第二個部分是 *www*。這對大部分的網站來說不是必要的部分，但是瀏覽器為了網址的完整性，都會顯示出來。[6] 這就如同一個美國人把一個美國電話號碼給另外一個美國人，不需要將國碼 +1 也給對方（如 +1-617-555-1234），但是也可以給對方完整的電話號碼——只要想給的話。

　　在這之後，瀏覽器看著 *google.com*，這個稱為「網域名稱」。每個網站都有自己的網域名稱。這些名稱都很類似：google.com、wikipedia.org，以及 whitehouse.gov 等等。

IP 位址

　　值得注意的是電腦並不能理解網域名稱；電腦是藉由稱作 IP 位址的數字組合來理解網址。[7] 每個網站至少有一個 IP 位址，就如同大部分的人有個手機號碼一樣。電腦只有在知道網站的 IP 位址之後，才能連結到網站。就如同在手機直接輸入「比爾‧蓋茲」，是無法打電話給他的——還需要找到他的電話號碼。

　　為了轉換網域名稱到 IP 位址，電腦利用「網域名稱服務」（Domain Name Service, DNS）[8]，這個服務就如同一個巨大的通訊錄。電腦保存最近使用過的網域名稱與 IP 位址對應資料在硬碟裡，假如電腦找不到對應網域名稱的 IP 位址，就會向網際網路服務商（internet service provider, ISP）詢問，就像 Comcast 與 Verizon 一樣。[9] 這就如同如果你沒有祖父母堂表兄弟的電話號碼，可以問問家族成員有他們電話的人。

　　回到我們的例子，電腦利用 DNS 尋找 *google.com*。谷歌有很多 IP 位址，[10] 其中一個是 216.58.219.206。[11]

　　現在瀏覽器知道要去連接 google.com 的 IP 位址，有可能是 216.58.219.206，透過 HTTP 或者是 HTTPS。URL 在網域名稱之後的部

分，或者是稱為「路徑」（path），則是維持一樣的，所以 *google.com/maps* 會成為 *216.58.219.206/maps*[12]（這是一個可以讓你朋友印象深刻的訣竅：在網址列輸入 *216.58.219.206/maps*，然後當谷歌地圖神奇地出現的時候，秀給你朋友看）。

等一下！你也許會說，**我們並沒有指定路徑，我們只是要** google.com **！**好眼力。該這麼說，如果你並沒有指定路徑，瀏覽器將會使用 "**/**" 作為佔位路徑的預設值，這一個值代表網站的首頁。https://www.google.com 與 https://www.google.com/（注意後者加了斜線）兩者是一樣的，同時都指到谷歌有名的首頁。

詢問谷歌

所以，總結來說，瀏覽器知道使用 HTTPS 抓取 IP 位址為 216.58.219.206 網站的首頁，而這個 IP 位址大家喜歡稱之為 **google.com**。瀏覽器打包這些「請求」（request），並且將其送到巨大的電腦群，或者是稱為「伺服器」（server），這些電腦用來支持谷歌運作的網站。[13] 在接下來的章節，我們將會介紹資訊是如何旅行到谷歌的伺服器。

最後，這些 google.com 在其上執行的伺服器，會取得來自於瀏覽器的請求，並且注意到瀏覽器想要到首頁。[14] 伺服器會進行一些運算，用來準備將網頁呈現給瀏覽器。例如，伺服器會檢查今天是否有谷歌塗鴉，如果有，就用谷歌塗鴉取代標準的谷歌商標。接著，伺服器收集程式碼來繪製首頁，首頁是由 HTML、CSS 與 JavaScript 所構成。[15]

回到瀏覽器

谷歌將這些程式碼送回瀏覽器，稱之為「回應」（response）。接著，瀏覽器利用這些程式在螢幕上繪製出正確的元件，並且使元件看起來好看，

還具有互動性。[16]

當你點擊連結或者是搜尋其他東西，將會找到新的 URL，像是 **https://encrypted.google.com/search?q=llama**。接著就是同樣的循環不斷發生。

主題 19　在網際網路上傳送訊息，是如何像遞送辣椒醬一樣？

現在，我們知道電腦如何透過網際網路連接到網站上。但是網頁、YouTube 影片和臉書訊息並不是神奇地從網站瞬間移動到電腦上。

它們反而是遵循一步一步的程序。讓我們利用類比的方式解釋這個過程——就如同運送辣椒醬到你家門口。

運送辣椒醬

假設你現在住洛杉磯，而且很想要辣椒醬，可以從分部設在紐約外的喬盧拉（Cholula）公司，買五十個大瓶裝的辣椒醬。[17]

一個在紐約的喬盧拉公司的員工注意到這張訂單，她沒辦法將五十個瓶子裝在一個盒子裡，所以分成十個盒子，每盒裝五瓶。為了確認你能收到所有十個盒子，她在盒子上寫了「十個盒子中的第一個」、「十個盒子中的第二個」，以此類推。她不知道你的地址，所以只在盒子上寫上你名字。

第二個員工從前一個員工手上拿到你的盒子，他注意到你在喬盧拉網上有一個帳號，所以他在資料庫中找尋你的地址。接著他將地址寫在盒子上，然後送到郵局。

因為紐約市離洛杉磯太遠，郵局員工無法直接將辣椒醬送給你。然而，郵局員工注意到有幾輛卡車是要開往費城與芝加哥，正在裝載貨物。兩個城

市都比紐約市靠近洛杉磯，所以把盒子送往那裡是正確的一步。開往費城的卡車只能裝六個盒子，所以他將剩下的四個盒子放在往芝加哥的卡車上。

當每個盒子抵達下一個城市的時候，郵局員工將這些盒子送往離洛杉磯再更靠近的城市。例如從芝加哥，盒子可以往西邊送到丹佛或者是鳳凰城。這個過程會持續下去，直到盒子被送到在洛杉磯附近的郵局，然後送到洛杉磯的郵局，最後送到你家。

盒子經由不同的路徑送到你的手上，所以它們是以隨機的順序抵達。因為每個盒子上都有標籤，你可以檢查是不是收到所有盒子了。編號三的盒子收到了，接著是編號五的盒子，然後是一、十、八、四、七、六與二。等一下，編號九的盒子在哪裡，它可能遺失在信件中了。你要求喬盧拉送另外一個盒子，接著他們送出你所要求的盒子，接著很快地你擁有所要的所有辣椒醬。

TCP 和 IP

到底辣椒醬跟網際網路有什麼關係呢？我們剛剛所提到的運送過送，跟資訊在網際網路的流動很像。

有一對的通訊協定，稱之為 TCP（傳輸控制協定，Transmission Control Protocol）與 IP（網際網路協定，Internet Protocol），它們一起合作將資訊在電腦間傳遞。[18] 它們合作的方式很像我們剛剛提到的喬盧拉的員工合作方式。

因為網頁通常很大，無法一次就傳輸完畢，傳輸控制協定將其拆成很多小型的「封包」（packets），並且在其上貼好標籤（例如「十之一」）。[19] 這就如同第一個喬盧拉的員工做的事情一樣，將辣椒醬放進小盒子裡。

接著，當這些資訊要透過網際網路送回到你電腦時，伺服器利用網域名稱服務，或者是稱為 DNS，用以解析你的 IP 位址，[20] 這就如同第二個喬盧

拉的員工在客戶資料庫中搜尋你的郵寄地址。

下一步，這些資訊透過網際網路協定送回給你。網際網路協定是將每個封包利用短程傳輸的方式，或者是稱為「中繼段」（hops），在全世界運送。但是無論封包是走哪條路徑，最後都會送到目的地。[21] 這就如同郵局將不同的盒子送到不同的中介點，例如費城與芝加哥，但是這些盒子最後都會到達你手上。

當封包送到你電腦，傳輸控制協定會將它們依照正確的順序組合起來，並且檢查是否有遺失。如果有遺失，它會要求網站將遺失的封包再送一次。[22] 這就如同使用標籤，確認裝有辣椒醬的盒子是否有遺失。

所以，簡單來說，這就是資訊如何在網際網路上傳送。無論是購買辣椒醬或者是瀏覽 YouTube，這些內容都會透過傳輸控制協定切成一小塊一小塊，透過網際網路傳輸協定，經由某些中介運輸傳遞，接著再次透過傳輸控制協定組成回原來的內容。

無論你如何透過網際網路取得資訊，都會發生同樣的過程。不管你是使用筆記型電腦的瀏覽器觀看臉書，或者是在手機上使用臉書的應用程式，資訊從臉書的電腦到你手機或者是電腦都是經由同樣的方式（這個過程也發生在你使用 Echo 喇叭或者是點擊你的蘋果手錶——任何只要是使用網際網路的行為，都是使用同樣的方式）。

HTTP 與 HTTPS

也許你會想到 HTTP 與 HTTPS 這兩個用來獲取網頁內容的通訊協定，會用在哪裡？它們也是使用同樣的方式。HTTP 與 HTTPS，實際上是建立在傳輸控制協定與網際網路協定之上。[23]HTTP 與 HTTPS 說「給我這個網頁」，傳輸控制協定與網際網路協定就合作來傳遞網頁內容。在這個辣椒醬的例子中，HTTP 與 HTTPS 就如同下訂單給喬盧拉。傳輸控制協定是將物

品分開並打包的員工，網際網路協定就是郵遞服務。

這些協定聽起來似乎有點模糊，但就是你進行很多線上行為的基礎。

主題 20　資訊如何選擇從一台電腦到另外一台電腦的路徑？

回想一下，藉由傳輸控制協定與網際網路協定，資訊被切割成小封包，藉由中繼電腦傳到最後的目的地。每個封包，有自己從網站伺服器到你的電腦或者手機的路徑。但是這些路徑看起來像是什麼呢？

為了測試一下，我們利用 Mac 與 Linux 上的一個工具 traceroute，它可以呈現一個訊息「封包」的樣本，從你的電腦到某個特定網站的路徑。[24] 假設我們在華盛頓特區，並且尋找一條路徑到 ucla.edu（加州大學洛杉磯分校的網站），加州大學洛杉磯分校位在洛杉磯，所以這讓我們在這個測試中想要知道：訊息是走什麼樣的網際網路路徑，得以從華盛頓特區到洛杉磯？

你將會在下面的圖中，看到封包移動路線。每個中介的點，是接力傳輸「封包」給下一點的電腦；電腦跟電腦之間的移動稱為「中繼段」。這個過程很像是郵寄包裹會停留在中繼的郵局，或者是飛機轉機。

注意，封包並沒有如魔法般飛越整個國家。封包必須透過實體的線路移動（我們之後會介紹），所以同時也必須面臨到地理上的限制。有趣的是，如果你從華盛頓特區郵寄一個包裹到加州大學洛杉磯分校，其路徑也會跟封包的路徑很相似。

值得注意的是每個封包都有不同的路線。有時候封包會在世界來回反彈移動、向後移動、移動到不同的國家，或者是瘋狂繞各種路直到抵達目的地。[26]

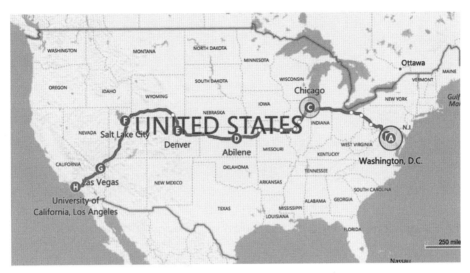

資訊封包從華盛頓特區到位於洛杉磯的加州大學洛杉磯分校的移動路徑。從華盛頓特區開始，它先停留在維吉尼亞洲的阿什本（B），然後是芝加哥（C），堪薩斯州的阿比林（D），丹佛（E），鹽湖城（F），拉斯維加斯（G），最後抵達加州大學洛杉磯分校。

資料來源：traceroute 與 Bing Maps[25]

　　想要自己試試看嗎？你可以試試線上 **traceroute** 工具，[27] 查看封包從該工具所在的網站，如何抵達你所選擇的網站。只需要提供一個 IP 位址；你可以查看自己的 IP 位址，[28] 或者試試某些範例，如 23.4.112.131（mit.edu，位於麻薩諸塞州），或者是 216.58.219.206（google.com，位於加州北部）。

　　所以我們談到關於資訊如何透過網際網路在不同的電腦移動。但是資訊實體上是如何在電腦間移動呢？我們繼續讀下去。

主題 21　為什麼華爾街的交易員要到阿勒格尼山向下鑽洞，來建立一個直達的光纖網路線？

　　2008 年，一位名為丹尼爾・史皮威（Daniel Spivey）的華爾街交易員，建立了一個近乎直達的八百二十五英里長的光纖線路，接通了芝加哥股票交易所所在的芝加哥南洛普區，與那斯達克伺服器所在位於紐約市外的紐澤西州。史皮威很認真地建立一個直達的連線：他的團隊鑽通了賓州廣大的阿勒格尼山脈（Allegheny Mountains），而不是走較為便宜（但有些繞路）的路線。價格是多少呢？三億美元。[29]

　　為什麼會有人執著於建立一條直達的纜線呢？

網際網路纜線

　　首先，讓我們談談為什麼纜線很重要？不管何時，資訊藉由 IP 位址在網際網路傳送的時候，是經由長長的地下纜線[30]（網際網路不是一連串如參議員泰德 ・ 史蒂文斯所說的管子，但是它確實是一連串的纜線）。

　　普遍的纜線類型是光纖纜線，你也許可以從 Verizon 的廣受歡迎的 FiOS 服務看到蹤跡。[31] 光纖纜線是由純玻璃所製作，並且不會厚於人類的一根頭髮。[32] 光纖網路也是很清晰的，如果你站在由數里長的堅固的光纖玻璃構成的海洋之上，你可以很清楚地看到底部。[33]

　　回想電腦都是用 1 跟 0 來儲存所有資訊，就如同我們利用二十六個英文字母儲存文字。當你的電腦想要傳送資訊到另外一台電腦（使用 TCP、IP，以及 HTTP ／ HTTPS），它需要在纜線上移動 1 跟 0。電腦將 1 跟 0 轉變為光的細微閃動。1 代表著光持續亮著不到一秒的時間，0 則代表在同樣的時間長度中，光暗了。這些閃動藉由光纖傳輸。因為光纖是由乾淨的玻璃所構成，[34] 所以資訊可以用很誇張的速度移動：大約為三分之二的光速。[35]

　　因此當資訊看起來如同魔法一般在網際網路上移動，實際上是在很長的地底纜線移動。因為兩點之間最短的距離是直線，擁有直達纜線的人擁有最快的網際網路近用。我們都喜歡快速的網際網路，但是是誰執著到要炸通阿勒格尼山呢？讓我們來看看他們。

高頻交易

　　很多「高頻交易員」（high-frequency trader, HFT）利用軟體在美國紐約與芝加哥這兩個主要股票交易所之間進行快速交易。[36] 高頻交易員藉由兩個股票交易所的微小價差——如在紐約買了 1.00 美元的股票，在芝加哥以 1.01 美元賣出——賺取利潤，每天交易量以數千次或者是數百萬次。[37] 這個過程稱為套利（arbitrage），套利的機會很快就消失，因為這是容易得到的錢。為了很快得到套利的機會，就必須有跟閃電一樣快的網路速度。交易員之間的競爭是以毫秒（千分之一秒）來計算的。[38]

　　高頻交易員需要有盡可能最快的網路連線，才能打敗其他競爭對手，成為有獲利的交易員。因為資訊是透過巨大的纜線在網際網路中移動，所以交易員需要有盡可能直的纜線。[39]

　　這就帶我們回到原本的問題：為什麼交易員丹尼爾・史皮威花費高額的金錢建立難以置信的纜線？因為這最大化了兩個交易所之間的網路速度，可以幫助高頻交易員得到交易的優勢。這個纜線比之前的紀錄保持者更像直線：史皮威的纜線只需要十三毫秒就可以將訊息從紐約傳送到芝加哥，比之前的紀錄快了整整三毫秒。[40] 高頻交易員願意為了這微小的速度優勢花錢：前二十個登記這個纜線的交易員，他們總共花了二十八億美元。[41]

　　還記得光纖纜線讓訊息可以以三分之二的光速傳遞嗎？這對於某些交易員而言，仍然是太慢了。2014 年，有一家公司開始實驗使用雷射槍，利用空氣在紐約市與芝加哥之間傳遞訊息。因為光在空氣比在玻璃的傳輸速度更

快，訊息的傳輸速度也會更快，而且近乎沒有敵手。[42]

　　但是至少現在，纜線仍然是傳輸的主要媒介。而且只要有纜線，我們也會有像是史皮威一樣追求速度的交易員。

| 第 **5** 章 |
雲端運算

在 2000 年代初期,人們會到百視達租影帶、從百思買(Best Buy)購買 Photoshop 與微軟的辦公室盒裝軟體,並且在公司總部的廣大電腦機房存放公司檔案。時至今日,人們在網飛的線上串流狂看電影、以訂閱制的方式每月支付 Photoshop 以及其他所有應用程式的費用,將公司檔案存放在如 Dropbox 或者亞馬遜網路服務的遠端巨大電腦中。

這三個改變有些共通性,這個共通性稱之為雲端,但是跟天氣無關。所以雲端是什麼?讓我們來看一下。

主題 22 谷歌的雲端硬碟如何跟優步一樣?

擁有一輛汽車是相當昂貴的,每年必須支付超過八千美元在汽油、保險、維修、稅金與其他支出。[1] 但是如果人們想要有到處趴趴走的自由,就必須擁有一輛汽車。

然而,真的需要嗎?

共乘應用程式,像是優步、Lyft 跟 Zipcar 藉由隨選租車解決這個問題。因為人們只需支付每趟旅程的費用,如果並不常開車,優步是一個不錯的選擇:如果一年開車的里程數少於九千五百英里,乘坐優步會比擁有一輛車便宜。[2] 人們可以隨時隨地利用優步應用程式叫車,相較之下,如果人們想要

開自己的車，車子就必須在自己附近。而且使用優步，因為乘車的人並不擁有車子，所以不需擔心維修費用、汽油費用與偷車賊。[3]

這跟科技的關係是什麼？因為科技正在經歷跟優步對於汽車一樣的變革。[4]

傳統 vs. 雲端運算

傳統上，人們購買如微軟的 Word 應用程式，然後將檔案存放在自己的筆記型電腦。這就如同自己買了汽車，雖然有全部的控制能力，相對應的也要負全部的責任。如果很不走運，電腦的硬碟壞掉，或者是筆記型電腦被偷了，這就如同汽車出問題或是被偷。而且不管使用 Word 的目的為何，例如是持續寫作的作家，或者只是拿來做筆記，都必須支付相同的費用。

同時，從 2000 年代中開始，人們可以在瀏覽器使用谷歌文件，並且將檔案存放在線上的谷歌硬碟。存放在谷歌硬碟的檔案，只要有連線裝置，就能在任何地方被執行；如果有瀏覽器或者是手機可以登入谷歌帳號，就能使用谷歌文件。所以即使筆記型電腦被卡車輾過，只要跟任何一個人借電腦，登入帳號，就可以像完全沒發生什麼事情一樣存取放在線上的檔案。而且谷歌硬碟只收取實際使用的費用：一開始提供十五 GB 的免費使用空間，如果想要使用更多的空間，只需要額外付出一些費用。[5]簡而言之，就如同優步：在任何地方取用所需要的功能，但不擁有這些功能，只需要付出使用費。

這個新的運算模式，讓人們不再將應用程式放在電腦裡，而是放在線上，稱之為「雲端運算」或者是稱為「雲」。[6]微軟的 Word 與硬碟是傳統運算，而谷歌文件與谷歌硬碟則是雲端運算。

回到原本的運算，雲端運算像是優步：[7]不需要擁有自己的汽車與電腦，人們可以在自己需要的時候，從網路連線裝置，取得檔案與運輸服務。

　　雲端運算處處都有，Gmail 就是個經典例子：人們可以透過網頁介面，而不是如同微軟的 Outlook 應用程式存取電子郵件。[8]Spotify 讓人們不需要下載歌曲，而是在網路上直接聽音樂。iPhone 將使用者的簡訊與檔案存放在蘋果的 iCloud，所以即使使用者換新手機，還是可以看到原本的資料。諸如此類。

主題 23 「雲端」檔案是存活在哪裡？

　　當人們透過瀏覽器觀看谷歌硬碟的時候，檔案就會神奇地出現。而當在 Spotify 上按一個按鈕，音樂就會開始播放。但是所有的電腦檔案——從試算表到音樂——必須是以 0 跟 1 的形式存放在某地。要是這些檔案不在個人的電腦當中的話，那麼是存放在哪裡呢？

　　技術專家會說這些資訊存放在「雲端」，但是這對於一般人來說沒有意義。[9]很明顯地，在天空上並沒有巨大的飄浮電腦存放資料。這個奇特的流行語到底代表什麼？

資料中心

　　簡單來說：「雲端」就是別人的電腦。當在谷歌硬碟產生一個谷歌文件，所有文字與圖片都儲存在谷歌的電腦，而不是個人所擁有的電腦上。而 Gmail 的郵件處理也是在谷歌的電腦上執行，而不是使用者的電腦上。

　　現在我們說「谷歌的電腦」，不是指某個谷歌員工的筆記型電腦。谷歌文件實際上是存放在谷歌的「伺服器」，這些電腦都是運算能力強，專門用來儲存資料與執行應用程式與網站。伺服器只用於運算，所以它們可能通常沒有鍵盤、滑鼠、螢幕與像是 iTunes 或者是谷歌瀏覽器等應用程式。伺服

器也不會關機（至少不是有意），因為谷歌硬碟與 Gmail 是全年無休地提供服務。[10]

伺服器通常放置在巨大的建築物中，這些建築物稱為「資料中心」（data centers）。在這些建築物中，可以看到一櫃又一櫃垂直堆放的伺服器（成排伺服器被稱為「伺服器農場」〔server farm〕）。然而，資料中心不可以是老舊的建築物。因為伺服器會很燙，資料中心需要有強大的冷卻系統。資料中心也需要有備用的發電機，以防電源中斷。[11]

資料中心有著眾多伺服器的一景──伺服器用於執行網站與應用程式。

資料來源：Torkild Retvedt[12]

前端與後端

這些伺服器為了執行應用程式與網站，必須做很多運算。不管何時，只要為了觀看文件而登入谷歌文件，谷歌就會從伺服器收到資料，並且將文件

呈現在使用者面前。類似地，Spotify 的音樂檔案也是存放在 Spotify 租借的伺服器中。[13] 當使用者想要在 Spotify 當中播放音樂，瀏覽器就會傳送一個訊息到 Spotify 的伺服器，要求播放音樂。Spotify 的伺服器傳回音樂檔案，瀏覽器就會開始播放。[14] Spotify 的應用程式或者是瀏覽器頁面稱之為「前端」（frontend），Spotify 的伺服器稱之為「後端」（backend）。[15]

　　一般來說，後端比前端安全，因為應用程式開發商對後端有更為嚴格的管控，而使用者則在前端擁有更多控制權。所以任何跟密碼與資料相關的行為，都是發生在伺服器。[16] 而使用者互動介面則是由前端處理。[17] 例如，Gmail 當中關於寄信、收信與搜尋電子郵件都是由谷歌的伺服器負責；出現在瀏覽器上的 Gmail 按鈕只是告訴伺服器要做什麼事。[18]

雲端最好與最壞的部分

　　雲端運算只是在遠端的公司伺服器上儲存檔案，以及執行應用程式。這帶來了相當大的便利：例如使用 Dropbox，使用者不需要透過電子郵件寄送檔案給自己，即使使用者電腦被怪獸哥吉拉破壞，[19] 檔案仍然很安全。但是風險是什麼呢？

　　第一點是安全性：當使用者把檔案放在別人的電腦上時，代表使用者信任其他人會安全保管這些檔案。有時候，檔案並沒有被妥善保管：在 2014 年，駭客攻擊蘋果電腦的線上備份服務 iCloud（類似 Dropbox），將某些好萊塢演員的裸照散布出去。[20]

　　但是蘋果努力改善安全性，[21] 而現在大多數的雲端服務供應商都擁有難以置信的堅強防護。例如，當谷歌的資料中心的硬碟不再被使用，谷歌會殘酷地毀壞與銷毀這些硬碟，所以沒有人可以獲得當中的資訊。谷歌的資料中心同時還有「客製化的電子門卡、警報、車輛通行障礙、圍籬、金屬偵測器，以及生物資訊識別機制」，用來預防闖入者。資料中心的地板還有「雷

射光侵入偵測」，[22] 就如同在 007 電影中會出現的場景一樣。簡單來說，雲端服務公司做了很多事情來保護使用者的資訊，可能比在使用者的電腦中還要安全。[23]

第二點是關於隱私：假如使用者存放檔案在其他人的電腦，使用者只能希望沒有其他人會看到這些內容。[24] 這些是合理的恐懼。美國法院好幾次嘗試要谷歌與微軟交出存放在他們伺服器的電子郵件。[25] 為了保持信用，微軟 [26] 與谷歌 [27] 持續與這些要求對抗。

第三點則是網路連線。假如所有使用者喜歡的應用程式——如推特與谷歌地圖——都是網頁應用程式，那麼當使用者無法連上網路，就會非常沒有生產力了（或者是說，當使用者在飛機上，但只有非常昂貴的無線網路）。[28] 然而，很多應用程式都朝向可以離線使用進行開發工作。谷歌文件與 Gmail 現在都有提供有限的離線功能，[29] 某些遊戲與生產力應用程式也透過谷歌瀏覽器達成離線功能。[30]

所以，當某些風險存在時，雲端儲存所擁有的便利性與安全性整體來說，都使其成為更好的選擇。

主題 24　為什麼你不能再擁有Photoshop？

1990 年，Adobe 發布他們知名的照片編輯工具——Photoshop 的第一個版本。使用者可以從電腦與愛好者的商店，購買存放這套軟體的軟碟片。[31] 最後，Adobe 將儲存媒介升級到光碟，以及稍晚的直接從網路上下載。[32] 但是無論使用者如何安裝應用程式，都需要付費購買「永久授權」以使用這套軟體——這代表著這個應用程式是屬於使用者的，可以永久保存與使用。[33] 在 2012 年的 Photoshop CS6 版本，當時市價 700 美元。[34]

第一個版本的 Adobe Photoshop 的版本，在 1990 年發行。在包裝裡是裝有軟體的軟碟片。

資料來源：ComputerHistory[35]

但是在 2013 年，Adobe 發表了一個大的轉變：使用者再也不能擁有 Adobe「創意套裝」（Creative Suite）的應用程式，這也包含了 Photoshop。取而代之的是，使用者可以免費下載 Photoshop，但是如果要能持續使用，必須訂閱他們新的「創意雲端」（Creative Cloud）服務，價錢是每個月 20 美元。[36] 這個「租借」（rent）Photopshop 的新模式，稱之為「軟體即服務」（software-as-a-service，或稱之為 SaaS，發音為 *sass*），[37] 這就如同是租車而不是買車。

這個模式的運作方式如下。一旦使用者下載 Photoshop，必須輸入一個授權碼。接著 Photoshop 會連線到 Adobe 的伺服器，檢查授權碼是否有效，它同時會每月檢查使用者是否有持續付費。[38] 要注意的是，Photoshop 仍然是完全在使用者的電腦上執行，只是使用雲端檢查是否有訂閱。[39] 但假如沒有持續付費，很抱歉——使用者就無法使用 Photoshop。

這對 Adobe 的意義是什麼

轉移 Photoshop 到訂閱模式（也就是軟體即服務模式），證明了這是 Adobe 在商業上相當聰明的一步。第一，他們可以賺取更為穩定的收入，因為每個月都能收到訂閱費用，而不是必須等到每幾年一次的重大版本更新才有收入。[40] 這同時也幫助 Adobe 對抗盜版，每月的授權檢查代表 Adobe 可以決定哪些人才能使用軟體。[41] 第三點，因為 Photoshop 現在定期連接上網，Adobe 可以持續推出更新與軟體修正，而不需要等到下一個重大版本更新。這讓顧客開心，並且也可以更快修正安全性問題[42]（這個開發模式稱之為「敏捷式開發」〔agile developement〕）。

然而，這個轉變並非沒有爭議。

客訴

在當時，顧客並不是很開心。很多人對於 Adobe 的強迫升級很生氣，他們覺得 Adobe 希望使用者持續付費，好讓 Adobe 獲利。[43] 有位著名的部落客稱這個改變為「軟體史上最大的搶錢」，[44] 消費者主張這是「掠奪」。[45]

但是最後消費者很快就平息憤怒，很多人開始採用雲端 Photoshop：[46]Adobe 的獲利在一年內增長了 70%。[47] 為什麼？第一點，訂閱制可以讓使用者持續更新，不需要額外付費。[48] 第二點，它讓新使用者更容易近用 Photoshop。使用者可以享有一個月的免費試用，而第一年的費用是二百四十美元，相較之下，最後一個盒裝版本的價格為七百美元。[49] 第三點，創意雲端允許使用者將 Photoshop 檔案存放在雲端，但不需要額外的費用，這使得使用者便於在任何裝置進行編輯。[50]

所以儘管一開始有些爭議，轉移到訂閱制對於 Adobe 是很重要的：它使得 Adobe 的股價加倍成長，而且一年內就多了 70% 的收入。[51]

緩慢採用

你或許會想，如果訂閱服務制對於 Photoshop 相當重要，為什麼 Adobe 花了二十二年（1990 年到 2012 年）才發現。

第一，必須注意的是，軟體即服務的模式是完全仰賴網際網路，所以只有網路連線才能使用訂閱制。近幾年，我們將每個人擁有網路連線視為理所當然，但是這個情況並非總是如此。在 1997 年，只有 18% 的美國人在家有網路連線，但是到了 2011 年，這個數字提升到四倍，達到 72%，[52] 這也使得只靠網路販售軟體得以成真。

第二個理由是 Adobe 的雲端平台，創意雲端，花費了工程師數年的時間建置完成。創意雲端直到 2011 年之後才發布，[53] 也只有在這個平台發布之後，Photoshop 的訂閱制才能進行。

其他軟體即服務（SaaS）的例子

我們談了很多關於 Photoshop 的例子，但是值得注意的是，這個商業模式目前已經相當廣泛地採用。回想一下，SaaS 是軟體即服務的意思，這是使用者在網路上訂閱軟體，並且也是透過網路配送的商業模式。[54] 很多時候 SaaS 應用程式是在線上執行，但不總是如此 —— 回想一下，即使是 Photoshop，仍然是在使用者的個人電腦上執行。[55]

還有很多 SaaS 的例子。Dropbox 允許使用者租借他們伺服器的儲存空間，每個月只需要付一些錢。[56]Spotify 讓使用者在每個月的固定價格下，可以無限制播放音樂。[57]Gmail 不向個人收費，但是公司可以在 G Suite 方案付費，使用無限制的網頁電子郵件。[58] 谷歌試算表，就像是微軟 Excel 的 SaaS 版本，同樣也是免費，但是使用者可以每個月付出額外的費用，購買更多的谷歌硬碟儲存空間。[59]

以上這些例子有什麼共通之處呢？使用者可以透過瀏覽器近用這些應用

程式，而所有的檔案都是存放在其他公司的伺服器中。換句話說，SaaS 只是在雲端執行的應用程式的另一個名字。[60]

這回到一開始我們所問的問題：為什麼使用者不能再擁有自己的 Photoshop ？ Photoshop 演化到 SaaS 應用程式，所以使用者只能租借它。想想現在每天使用的應用程式，你將會發現更多的 SaaS 例子。

主題 25　為什麼微軟會有取笑 Office 軟體的廣告？

2019 年，微軟有一系列奇怪的廣告，用來比較剛發行可以一次買斷、永久使用、但沒有持續更新的 Office 2019，與可以持續更新與有額外功能的 Office 365。[61]

在這些廣告當中，可以看到有一組雙胞胎，一個人使用 Office 2019 當中的應用程式（例如 Excel），另外一個則是使用 Office 365 的對應應用程式。兩個人要完成相同的任務——在每個廣告當中，使用 Office 365 的人，透過使用 Office 365 的特殊功能，都能比另一個人更快完成任務，甚至還有時間跳繩、切辣椒，或者是混合冰沙。[62]

為什麼微軟要這麼開自己產品的玩笑呢？

「時間凍結」

Office 365 提供了「時間凍結」（frozen-in-time）的經典生產力應用程式，包含了 Word 與 PowerPoint。這些產品遵循傳統的運算模式：一次買斷、永久擁有，但是無法獲得更新。[63] 在當時，Office 2019 是微軟這個悠久傳統授權方式的產品線的最新版本，通常是每三年更新一次。（在 2010 年以前，「時間凍結」是 Office 的唯一版本。[64]）

同時，Office 365 是軟體即服務的應用程式。使用者每年付費，取得持續的更新與人工智慧（AI）的協助，以及在行動裝置上的特殊功能，並且免費擁有微軟儲存系統 OneDrive 的儲存空間。[65]

就如同使用者想像的一樣，微軟想跟使用者說 Office 365 比 Office 2019 更好。確實，對消費者來說，額外的功能與持續更新是很棒的特點。但是主要的理由是微軟從 Office 365 獲得大量的收入[66]——遠多於「時間凍結」版本。[67] 這或許是因為 Office 365 預設使用者會持續付費，除非他們主動選擇取消訂閱——而「時間凍結」版本則是預設使用者會持續使用舊版本，除非他們主動選擇升級（並且付費）。對 Office 365 的使用者而言，最小阻力之路（the path of least resistance）是持續付費（對「時間凍結」版本的使用者則不是），所以大多數的使用者會持續付費。

Office 365 對微軟還有進一步的有利之處。只要一家公司跟微軟簽約訂閱 Office 365，微軟就可以藉由增加產品的價值以向上銷售，例如推銷 Azure 訂閱服務[68]。微軟也會推銷其他雲端為主的生產力工具，例如企業導向的通訊軟體 Teams 給 Office365 的顧客，藉此將他們鎖在微軟的生態體系當中。[69]

為何兩者都要

有個很明顯的問題，既然微軟偏好 Office 365，為什麼還有保留「時間凍結」版本的 Office 呢？我們想這是因為微軟注意到有部分使用者還是抗拒訂閱制的想法，[70] 微軟想要避免強迫使用者升級所帶來的不良影響。藉由將「時間凍結」的傳統 Office 版本逐漸淡出，微軟可以讓消費者開心，但是又可以慢慢將消費者轉移到利潤更高的 Office 365。

主題 26　亞馬遜的網路服務是如何運作？

　　我們談很多關於軟體即服務的商業模式，或者是稱為 SaaS，是現在越來越流行的消費軟體模式，如谷歌文件或者是 Spotify。但這只是故事的一部分。大型商業與科技公司擁有大量的資料與使用者，他們也將其轉移到雲端。

　　假如使用者執行一個大型的網站或者是應用程式，就會需要有一個巨大的伺服器用來處理資料與運算。但是不同於消費者導向的筆記型電腦與電話，伺服器往往不便宜或者是不易設定與維護。要設定個人的伺服器，使用者需要買機器、與 IP 位址奮戰、安裝複雜的伺服器軟體，例如 Apache 網站伺服器，也需要冷卻伺服器（這個比你想的要困難[71]），並且持續更新與執行軟體。[72] 有時候甚至需要雇用全職專家來確保伺服器運行順暢。[73] 簡單來說，這是件痛苦的事。

　　但是假如使用者只是租借一個伺服器，並且避掉所有麻煩事呢？（這就如同租借優步，而不是自己購買與保養一台車。）藉由雲端運算服務，使用者的確可以這麼做。

　　最有名的雲端運算服務是亞馬遜網路服務（Amazon Web Service），或是稱為 AWS。這個服務允許使用者租借亞馬遜的伺服器，而不需要購買自己的伺服器。[74] 亞馬遜網路服務實際上是一組應用程式的組合，當中最主要的服務是彈性運算雲（Elastic Compute Cloud, EC2），以及簡易儲存服務（Simple Storage Service, S3）。[75] 簡單來說，EC2 允許使用者在亞馬遜的伺服器上執行使用者自己的程式碼，[76] S3 則可以讓使用者將應用程式資料存放在亞馬遜的伺服器上。[77]

　　亞馬遜所有的服務都是在 AWS 上執行——當使用者在亞馬遜上買東西

的時候，使用者所看到的網站就是 EC2 與 S3 所提供的服務。事實上，AWS
是在 2000 年發展出來，當時他們需要一套工具供內部軟體開發團隊使用。
後來，亞馬遜發覺其他公司可能也想使用這套工具，所以在 2006 年將工具
集結成為 AWS。[78] 簡單來說，當使用者使用 AWS 來開發應用程式的時候，
其所使用的工具就跟亞馬遜用來建立他們龐大服務的工具是一樣的。

雲端的好處

　　就如同我們之前所暗示的，從 AWS 租借伺服器，遠比自己管理自己的
伺服器要來得容易，因為亞馬遜會負責升級、安全性，以及其他維護服務。
亞馬遜有數以百萬計的伺服器，這些都是與使用者共享；每個使用者可以取
得他們所需要的伺服器數量（並且支付費用）。此外，因為亞馬遜有很多伺
服器，所以可以達到很好的規模經濟，有效降低成本。[79] 節省的成本相當可
觀：一家健康研究新創公司如果要建立自己的伺服器，就必須支付一百萬美
元，但是如果是租借 AWS 的伺服器，每個月只需支付兩萬五千美元。[80]

　　第二個理由是安全性。索尼、塔吉特（Target），以及家得寶（Home
Depot）為了避免安全性的問題，所以都選擇建立自己的伺服器──但是這
三家公司都成了資料外洩的犧牲者，因為駭客入侵他們的伺服器，並且偷走
了顧客資料。[81]（想想看，是亞馬遜還是家得寶有線上安全專家呢？）

　　第三個是可靠性。商業公司的網站或者是應用程式如果出問題，就無法
賺錢。幸運的是，雲端運算提供商，像是 AWS，對於網站的持續運行很有
一套。AWS 會保存好幾個應用程式與資料的副本在世界各地獨立的資料中
心，所以即使在某個資料中心有天災發生，或者是有部分伺服器被破壞，應
用程式仍然會持續執行。[82] 同時，如果使用者操作自己的伺服器，就只能希
望存放自己伺服器的資料中心是安全無虞的。如同 Investopedia 所說的「想
像假如網飛將他們的人事資料、內容與備份資料放在自己的公司內，那麼在

颶風來臨的前夕，可能會讓人瘋掉」。[83] 使用雲端平台像是 AWS 的服務能幫網飛冷靜下來。

SaaS、IaaS 與 PaaS

　　AWS 不只是唯一的廠商，雖然他們相較於其他公司控制更多的市場，約佔了 34％的雲端運算服務市場——是其他最接近的競爭者的三倍。[84] 競爭者包含了微軟的產品 Azure、谷歌的谷歌雲端平台。[85] 這三家廠商允許應用程式開發人員使用他們公司的應用程式相同的科技，例如 YouTube 是在谷歌雲端平台執行，其他人的應用程式也可以在其上執行。[86]

　　記得 SaaS 是如何租借網路應用程式的嗎？科技專家也有些縮寫給這些雲端運算提供商。AWS、Azure 與谷歌雲端平台全都是以基礎設備做為服務（infrastructure-as-a-service, IaaS，但是我們不知道如何發音），這些服務允許應用程式製造商租借伺服器來執行他們的應用程式。[87]

　　有第三個雲端服務存在於 IaaS 與 SaaS 之間：平台即服務（platform-as-a-service，PaaS，發音像是 *pass*）[88]。這些平台包含了某些額外有用的功能，像是資料庫、進階分析以及整個作業系統。[89] 基本上，PaaS 讓程式開發人員更容易在雲端開發網站，PaaS 的例子並不知名，當中有個例子是 Heroku，Heroku 可以讓使用者只要傳送程式碼，就會在最少的設定需求下，自動幫使用者建立網站[90]（AWS 是 IaaS，也可以幫使用者很容易設定網站，但是 PaaS 讓它更容易）。

　　SaaS、IaaS 與 PaaS 不同的地方是什麼呢？讓我們利用食物來類比。SaaS 像是一間餐廳：顧客跟服務生點餐，然後餐點就會送到顧客面前。IaaS 是租借餐廳：顧客擁有廚房空間，但是需要攜帶所有食材配料與設備，然後自己煮出食物給自己吃。PaaS 則是在兩者之間：顧客提供食材與料理方式，接著就會有食物送到顧客面前。

總括來說，亞馬遜網路服務是什麼？一個字可以代表他們，IaaS。但是，比較白話的說法，它是一個工具，允許使用者租借亞馬遜伺服器的空間，使用者可以比自己擁有伺服器，以更快、花費更少、更容易地啟動一個應用程式。

主題 27　當新的節目開播的時候，網飛如何處理暴增的觀眾呢？

在 2015 年 3 月的某個週日，是網飛廣受歡迎的影集《紙牌屋》（*House of Cards*）第三季的首播，很多人都聚在一起收看：當天網飛的網路流量比一般週日要高出 30%，是相當高的比例，[91] 特別是當考量到網飛在 2015 年佔了所有網路流量的 37%。[92]（這並不是單一事件：HBO 曾經在《冰與火之歌：權力遊戲》〔*Game of Thornes*〕第五季於 2015 年 4 月的首播，流量增加了 300%。[93]）網飛是如何處理這麼多的觀眾流量呢？

首先，我們先來看網飛的網站是如何運作的。在 2008 年，網飛擁有自己的伺服器，但是在接下來幾年，他們將越來越多的網站移到亞馬遜網路服務，在 2016 年完全轉移過去。[94] 雲端提供比網飛自己擁有伺服器還要好的三個主要好處，讓我們先來看看第一個好處「彈性」。

彈性

當網飛擁有自己的伺服器的時候，必須擁有足夠多的伺服器以便處理尖峰時間的流量。但問題是在大部分的時候，流量並沒有像尖峰時間一樣多，所以大部分的伺服器就處於閒置的狀況──這代表著浪費錢。[95] 但是像是亞馬遜網路服務的雲端主機公司，可以在使用者的應用程式需要開啟或者關閉

的時候，全天提供立即擴增與減縮的運算力，所以使用者只需要付實際有使用的運算力的費用。[96] 這就是彈性。

可以來看一個類比，想像一個餐廳在午餐時段有大量的客人，但是其他時間客人的人數不多。如果餐廳員工需要工作相同的時數，餐廳老闆就得雇用足夠多的員工以應付中午尖峰時段——但是在其他時段，大部分員工都無所事事，這只會浪費薪水。而如果能夠彈性調整員工的輪班時段，就可以在中午時段安排較多的員工，其他時間就送多出的員工回家。這樣老闆只需要付出他所需要的人力費用。

所有的應用程式都可以用彈性來省錢，網飛省得特別多，因為使用者在一整天中使用程度變動很大。很少觀眾會在朝九晚五看網飛的劇集，但是尖峰收視率落在每晚十點鐘。[97] 由於有彈性，亞馬遜網路服務可以在一整天自動給網飛擴增與減縮運算力，而非全天皆有相同的運算力。[98]

擴充性

除了彈性，網飛為什麼要將服務轉移到雲端？當中一個很重要的理由是「擴充性」：亞馬遜網路服務幫助使用者在需求增加的時候，可以很快增長，或者是擴充，應用程式的數量（這個增加是積年累月，並非是瞬間增加）。[99] 這對於網飛是很重要的，因為從 2007 年到 2015 年，網飛的影片觀看量增加了一千倍。[100] 如果沒有雲端，網飛必須一直安裝實體的伺服器，但是亞馬遜網路服務自動隨著使用量增加，而擴充伺服器數量，網飛完全不需要做什麼事情。[101]

冗餘

最後的理由是因為使用亞馬遜網路服務，比擁有自己的資料中心，或者是充滿伺服器的建築物更為可靠。[102] 這主要是因為雲端會對資料與程式碼

建立很多「冗餘」，或者是很多的備份。即使有部分電腦出問題，也還有其他電腦可以接手。[103]（這就如同我們人類只需要一個腎臟，但是我們有兩個，所以當其中一個出問題——或者是捐出去——我們仍然可以活得好好的。[104]）

　　雲端給予網飛很巨大的優勢，但這並不是一個簡單的轉變。網飛花了七年時間完成了從自己的伺服器轉移到亞馬遜網路服務；同時，他們基本上重新建立了基礎設施與資料庫。[105] 這需要很多工作，但最終是值得的。

　　所以當我們下一次看網飛的劇集時，應該感謝那些決定轉移到雲端的工程師。（如果沒有讀過這本書，你的朋友可能會很困惑為什麼你突然對天空有興趣了，但是請他們不用擔心，只需要好好享受網飛劇集就好。）

主題 28　一個打錯的字，如何讓20%的網站下線？

　　在 2017 年 2 月 28 日[106]，有個亞馬遜工程師輸入一個標準的指令，讓少部分的亞馬遜網路服務的伺服器關閉，藉以更正帳單問題。但是那個工程師打錯指令，結果讓很多伺服器關閉，這導致 AWS 必須重新啟動 S3 來解決這個問題。[107]AWS 提供 S3 可以讓開發人員儲存照片、影片與其他檔案於雲端——可以把它想成是給應用程式用的巨大 Dropbox。[108] 在接下來的四個小時，[109] 幾乎有 20% 的網際網路停止運作，包括了受歡迎的 Medium、Quora、[110] 網飛、Spotify 以及 Pinterest。[111] 造成的損失相當昂貴：標準普爾五百的公司損失了一億五千萬美元。[112]

這是如何發生的？

　　答案是：受到影響的網站都是依靠亞馬遜網路服務運作的。[113] 他們的

程式碼在亞馬遜的伺服器上運行，檔案則是存放在亞馬遜的伺服器（特別是 S3）。所以當亞馬遜的伺服器出問題的時候，所有的網站也會出問題。

這凸顯了雲端運算的最大弱點：假如提供雲端服務的廠商出問題，則在其上執行的應用程式與網站都會一起出錯。[114] 即使最好的雲端服務商，也沒有百分之百的「正常上線時間」（uptime）。[115] 例如亞馬遜在 2015 年有兩個半小時的時間服務是中斷的，這代表他們正常的運作時間是大約 99.97%。[116]（這世界是很難預測的，所以不可能預期到潛在的伺服器錯誤——即使有辦法這麼做，成本也是相當高昂的。[117] 就如同在佛羅里達的迪士尼樂園可以為暴風雪做準備——暴風雪的確曾經發生過 [118]——但是不太可能這麼做，因為這個準備不值得相對應的費用。）

所以應用程式開發商可以做什麼，以應付這不可避免的雲端主機提供商的斷線情況呢？他們可以購買自己的伺服器，並且在其上執行應用程式，這個模式稱之為「本地部署」（on-premises 或者是 on-prem）。[119] 這代表這些公司必須自己處理一切跟伺服器相關的設置與維護，從研究數據來看，這或許反而會造成原本想要解決的問題。例如，微軟提供兩種企業級電子郵件服務：第一個是透過雲端的 Office 365，另外一個則是本地部署的 Exchange 伺服器。研究顯示 Exchange 無法正常運作的時間是 Office 365 的 3.5 倍，這等於一年有額外的九個小時無法收到電子郵件。[120]

假如在本地部署的伺服器比使用雲端服務更糟，應用程式開發商也只能選擇雲端服務，並且接受偶爾出狀況是無法避免的。雲端服務提供商，例如亞馬遜網路服務，或者是微軟的 Azure，它們所扮演的角色是當伺服器出問題的時候，必須立即告知客戶，盡快修復問題，然後盡力避免問題再度發生。[121]

我們再回到亞馬遜網路服務出錯的例子，看看當面臨出錯的時候，雲端服務商該如何（或者是不該如何）處理問題。AWS 在事件發生的時候，被批

評他們的服務儀表板仍然顯示服務正常運作——諷刺的是，因為儀表板也是在伺服器上運作，所以同樣也出了問題。[122] 但為了信譽，他們利用安全性檢查，限縮錯誤所帶來的損失，同時也對整個系統進行安全性檢查。[123]

這讓我們回到原本的問題，為什麼一個錯字可以讓 20% 的網際網路斷線？因為有 20% 的網際網路服務是在亞馬遜上執行的，為了解決錯字所帶來的致命錯誤，就必須重啟亞馬遜的服務，結果就是 20% 的網際網路服務下線了。

但是，相較於雲端所可能會有的問題，雲端工具可以大量地節省支出，以便改進網站的可靠性，並且快速擴充網站的伺服器，帶給消費者更為便利的生活，所以，現在投入雲端是沒有問題的。

| 第6章 |

大數據

我們人類產生難以想像的數量的資料。谷歌的共同創辦人艾力克·施密特（Eric Schmidt）在 2010 年說：「現在每兩天我們所產生的資訊量，是等同於人類從文明的黎明到 2003 年的資訊量。」[1] 換句話說，我們每兩天產生 5 艾位元組（exabyte），或者是五兆的兆位元組（gigabyte）。[2] 這就像是假設每個在地球上的人，一天內就可以將五百一十二兆位元組的 iPhone 裝滿檔案。[3]（你要想一下，這個是在 2010 年所說的話！）

現在有大量的資料，相當龐大。或者是如科技專家所稱呼這個數量的形容詞，「大」（big）。很多公司利用大數據來重新創造科技以及他們自身，如同有個分析師所說的「資訊是二十一世界的石油」。[4] 但如何成為石油呢？

| 主題 29 | **塔吉特超市怎麼會比她父親更早知道有個少女懷孕？**

2012 年，有個住在明尼蘇達的父親很驚訝地發現塔吉特送來的郵件中，有婦幼產品的折價券。當他發現這是給他青少女年齡的女兒時，感到非常憤怒。他衝到最近的塔吉特超市，面對一個很困惑的經理，質問經理是否鼓勵他易受影響的女兒懷孕。很自然地，經理對此道歉。他甚至在幾天後還

打電話去道歉。[5]

　　然而，在電話中，那個父親聽起來很難為情。他說：「我跟女兒討論過，似乎在我家中發生某些事情，但是我完全沒發覺。她的預產期是 8 月，我欠你一個道歉。」[6]

　　塔吉特發現一個青少女懷孕，甚至比她父親還早知道！[7] 但是這是怎麼發生的？答案是：大數據。

　　零售商知道人生大事發生的時候，像是上大學，或者是開始一份新工作，人們會有新的購物習慣，他們想要用這個習慣在銷售上得到好處。[8] 例如，吉列在青少年十八歲生日的時候，會送免費的刮鬍刀給他們。[9] 類似的，懷孕對於零售商來說也是重要的時刻，因為新手媽媽會開始需要寶寶衣服與配方奶，並且花上數百美元。[10] 但因為出生紀錄通常是公開的，新手父母常常會收到一大堆零售商的銷售廣告。想要從眾多零售商中脫穎而出，像是塔吉特這樣的零售商，想要獨佔新生兒的商機，他們會盡量在懷孕的第四個月就聯繫這些即將成為母親的女性，因為在這時候，她們開始需要像是孕婦服飾與產前維他命。[11]

　　所以，零售商需要預測與搶佔懷孕商機，或者是其他可能產生新的購物習慣的情況。[12] 為了達到這個目的，他們開始根據收集到的顧客資料，找出當中的模式。例如，假設注意到有十八歲孩子的顧客，會傾向在秋天買宿舍家具，有可能是他們的孩子要上大學了。然後零售商可以在夏天就開始寄送家具與校園生活所需的商品的折價券給有十八歲小孩的人，搶佔秋天搬進宿舍的商機。這比隨機贈送折價券，更能促成銷售。

開始認識你

　　但商店是如何收集所有這些資料呢？很多商店都是利用免費的「會員卡」或者是「省錢卡」，讓消費者在結帳時掃描上面的資料。從這個方法，

就可以追蹤消費者的購物習慣，這些店家就可以寄送適合消費者的銷售方案。[13] 然而，兩家最大的零售商——沃爾瑪與塔吉特——並沒有這些卡片。取而代之的，塔吉特 [14] 與沃爾瑪 [15] 給每個信用卡一個獨一無二的代碼，借用這個方式，他們可以追蹤與了解顧客的消費紀錄，並根據這些紀錄發送折價券。在塔吉特內部，他們稱這些代碼是「訪客識別號碼」（Guest ID number）。[16]

　　然而，這並不僅僅是購買而已。塔吉特可以從訪客識別號碼取得很多資訊：

　　　　塔吉特的訪客資料總監安德魯‧波爾（Andrew Pole）說：「假如你使用一張信用卡或者是折價券，或者填完一份問卷，或者是要求退款，或者是打電話給客服，或者是打開我們寄給你的郵件，或者是瀏覽我們的網站。我們都會記錄下來，並且連結到你的訪客識別號碼。」[17]

　　人口資訊像是年齡、種族以及地址都會連結到訪客識別號碼。塔吉特也會試著猜測客人的薪水，也許是藉由找到客人的房屋預估價值而得，也可以從公開紀錄中找到客人的小孩是何時出生的，以及客人是何時結婚，甚至是離婚。[18]

預設懷孕

　　如同我們可以想像的，塔吉特會整合每個訪客識別號碼的巨量資訊。利用這些資料找到模式與預測顧客的行為。塔吉特發現女性突然購買大量無香味的乳液，往往是在她們懷孕的第四個月初期，因為這些購買行為，通常是與幾個月後的生產有關係。懷孕的女性也常常會購買營養補充品，像是鋅、

鈣與鎂。[19]

最後，他們用二十五個購物習慣識別出一個具有特定購物模式的群體，在分析的時候，也會給每個消費者「懷孕預測」分數。藉由「懷孕分析」這個方案，塔吉特可以有 87% 的信心水準預設是否懷孕——有時候，甚至可以預測大約的出生日期。[20] 從明尼蘇達的例子，塔吉特甚至會比即將成為母親的女性的父母，更早知道他們的女兒懷孕了。

塔吉特利用這樣的技術，幫助他們的「媽媽寶寶」部門快速成長，總體的營收也爆炸性成長。[21] 但是對塔吉特這樣的零售商而言，他們所面臨的挑戰是如何從這些對客戶的洞察之中獲利，但不會造成對顧客的不快。可以想像到，當一對伴侶正在期待懷孕的時候，很快就收到塔吉特寄來的懷孕折價券，對這對伴侶而言會是相當震驚的。所以塔吉特開始比較細緻地進行促銷。他們仍然會寄送產前維他命折價券，但是跟木炭的折價券與除草機一起寄送，使得這些定向廣告像是「隨機」發送。[22]

零售商不只是使用直覺來猜測顧客想要什麼，在大數據的時代，他們使用冰冷與硬邦邦的數字來了解他們的顧客。

主題 30　谷歌與其他大公司是如何分析大數據？

如同我們提到的，塔吉特擁有數以億計的顧客資料。[23] 但是他們是如何分析這些資料，並且建立像是懷孕預測分數的指標呢？這並不是像個分析師，在筆記型電腦上打開一個 Excel 檔案就可以。這些資料相當龐大，無法利用單一電腦儲存與分析這些資料，即使是最強大的電腦也無法完成。[24] 想像在有四個功能的口袋型計算機上，將二個五百位數的數字相乘，即使是最好的計算機，也無法單靠一台做到這件事。

要打造一台夠大的超級電腦來處理所有資料，將會非常昂貴。取而代之的是，關鍵在於將資料拆解，並且將其重新組成可以管理的小資料，接著將這些小資料送到一組便宜與正常尺寸的電腦上進行運算。所有電腦都可以同時運算，當最後一台電腦完成，就將所有的結果組成最後的答案。[25]

我們來做個類比，想像要計算在一個城市內的所有人，可以一個人在城市內跑來跑去自行計算，但這將會花費很長的時間。但可以換個做法，我們可以請一個朋友去跟鄰居說，請他們計算在他們所看到的小區域的所有人的人數。每個人最後將他們所計算得到的結果回報給一個人，在最後的人回報完之後，只需要將結果加總，就可以知道最終的結果。[26] 這遠比一個人計算要快，因為有很多人「平行」地在更小的區域，進行時間更短的計算過程，所以速度更快。（有趣的事實：這就是羅馬帝國進行人口統計的方式！[27]）

MapReduce

谷歌將這個策略用於他們知名的「MapReduce」演算法：[28]「Map」是計算小區域內的人數，「Reduce」是將所有的結果加總。

廣受歡迎的大數據工具 Hadoop，也是使用 MapReduce。[29] 這個想法是將所有的資料儲存在很多正常尺寸的電腦——不需要超級電腦！——並且執行 Hadoop 軟體進行大量運算得到結果。這個方法的美好之處在於，這些電腦不需要真的連結在一起，如需要增加更多的資料，只要增加更多的電腦。[30]Hadoop 很快就成為產業標準。除了塔吉特，[31] 像是網飛、[32]eBay、[33] 與臉書 [34] 等很多其他工具也都使用 Hadoop。事實上，有個分析預測到 2020 年，財星世界五百強的公司有 80% 都會使用 Hadoop。[35]

簡而言之，分析大數據遠比使用 Excel 更為複雜：需要使用特殊的工具與技術。大數據分析是嚴謹與重要的，它開創了一個全新的研究領域：資料科學。[36]

主題 31　為什麼亞馬遜的價格每十分鐘變一次？

不喜歡亞馬遜商品的價格？只要等十分鐘，價格就會改變。

亞馬遜一天改變產品的價格二百五十萬次[37]，這代表在亞馬遜的商品平均每十分鐘改變一次價格，[38] 這是沃爾瑪與百思買的五十倍以上。[39] 價格持續的變化，對某些消費者來說覺得很困擾，因為他們可能剛買了某件商品，結果就發現價格下降了。[40] 但這個機制也能讓亞馬遜的利潤爆炸性地成長了25%。[41]

他們是如何做到這件事的呢？簡單來說，亞馬遜有很多資料。他們有十五億件商品，以及兩億個使用者，亞馬遜共有十億 GB 關於商品與使用者的資料。[42] 如果把這些資料分別放在五百 GB 的硬碟，並且把它們堆疊起來，總高度是喜馬拉雅山最高峰的八倍高。[43] 這些就是大數據。

有了這些資料，亞馬遜分析了顧客的購物模式、競爭者的價格、邊際利潤、庫存，與一個令人眼花撩亂的陣列，當中存放了其他要素，每隔十分鐘就為產品設定新的價格。[44] 這樣他們就能確保價格始終都具有競爭力，並且能榨出更多利潤。[45]

透過這個方式，亞馬遜找到一個有用的策略，他們降低流行商品的價格，但是在某些不普遍的商品則是提高價格。例如暢銷書都會打折，但是提高某些沒有很特出的書籍的價格。這個想法是因為大多數的人都會搜尋最常見的商品（這些在亞馬遜上最後都會更便宜），所以消費者會假設亞馬遜的商品總體來說是最便宜的。他們誘使顧客在未來花較多錢購買較為罕見的商品。[46]

資料導向的推薦

亞馬遜的「通常一起購買」的區塊是利用過去消費者的購買紀錄，推薦商品給其他使用者。

資料來源：亞馬遜

　　還有很多其他種方法，亞馬遜可以利用他們關於使用者的資料來賺錢。根據顧客的購買紀錄，亞馬遜可以用推薦商品轟炸顧客──只要看看亞馬遜網頁上的「根據您的瀏覽紀錄」與「顧客購買了這項商品，通常也會買」的區塊。[47] 亞馬遜甚至可以根據使用者在 Kindle 電子書閱讀器上所標記的文字，預設使用者可能會買什麼商品。[48]

　　亞馬遜這些推薦商品，都是從過去顧客的購買紀錄中找到某些模式。例

如，假如亞馬遜注意到數以百萬計的顧客會同時買花生醬、果醬與麵包。那麼，有顧客在亞馬遜上買了花生醬與麵包，亞馬遜就會建議該名顧客買果醬。[49]

預測顧客要買什麼，遠比推薦顧客購買商品需要更多工夫。想一下亞馬遜的專利技術「預期運送模型」（Anticipatory Shipping Model），[50] 當亞馬遜預測顧客要購買某樣商品的時候（就像是塔吉特預測女性何時要生小孩），他們可以將商品運送到靠近該名顧客的倉庫，所以當該名顧客決定要買的時候，亞馬遜可以快速並且便宜地寄達。[51]

到目前為止，我們看到大數據有相當高的經濟價值——事實上，《紐約時報》曾經將大數據與黃金相比擬。[52]

主題 32　這些公司擁有這麼多資料是好事還是壞事？

通常使用大數據的公司會變得更有效率，沒有人會不滿。例如，沒有人會抱怨，UPS 利用他們送貨卡車上的偵測器收集資料，優化他們的送貨路徑，並且因此省下五千萬美元。（有人還為此讚美 UPS 省油！[53]）

但是當這些公司開始收集個人資料，爭議就發生了，例如像塔吉特一樣的零售商收集大量客戶的資料。[54] 大數據幫助這些公司規畫定向廣告與推薦商品，並且取得很高的利潤。谷歌與臉書的營收倚賴他們的定向廣告，[55] 網飛說他們的推薦系統幫助他們省下一年十億美元來留住客戶（因為增加新客戶的成本很高），[56] 但這些有幫助到消費者嗎？

從某個角度來說，定向廣告與推薦商品對消費者來說很有用。塔吉特藉由寄送定向折價券來賺錢，收到的消費者也能節省時間與金錢。即使網飛有

驚人的使用者觀看資訊，但是他們的電影與電視內容仍然廣受歡迎。[57]

從另一個角度來看，主張保護隱私權的人，對於大公司收集了大量的個人資訊感到相當憤怒。[58] 回想塔吉特如何知道顧客的婚姻狀況、地址與預估的薪水——這些是通常都不會跟陌生人說的資訊。[59] 如果有這麼多資訊的公司被駭客入侵，結果將會非常危險。在 2013 年，有小偷偷了塔吉特四千萬筆的顧客信用卡資訊，與七千萬名顧客的個人資訊，包括了姓名、電子郵件與郵寄地址。這七千萬名顧客暴露在身分資料被竊取的高風險當中。[60] 並不只塔吉特發生這些事情：在 2013 年，雅虎的三十億個帳戶資料被駭客偷走，駭客因此得知使用者的生日與電話號碼。[61] 在 2017 年，駭客入侵信用報告代理商公司艾可飛（Equifax），取得了超過一億四千三百萬美國人的社會安全號碼。[62]

但是很多公司爭辯說，他們藉由將顧客資料匿名化，以保護這些資料。但即使是匿名資料，也可以藉由反向工程取得個人身分，甚至是「再辨識」（reidentify）這些客戶。[63] 例如，一個麻省理工學院的研究發現，只需要四筆信用卡購物的日期與地點，就可以有高達 90% 的正確率知道這個人的身分。[64] 另一項研究顯示，只需要混合了網飛與 IMDb 的匿名資料，就可以再辨識出使用者的身分。[65]

所以大數據對於社會是好是壞？就如同其他關於科技的事情，並沒有非黑即白的答案。當大數據讓公司與產品販售更有效率，也造成了隱私的問題。但無論喜歡或不喜歡，大數據都會持續變大。

| 第7章 |
駭客入侵與安全性

過去曾有很多人收到自稱是奈及利亞王子的電子郵件，跟收件者說需要匯給他「一大筆錢」——這個騙局表面上說將會為收件者賺到一筆錢，但實際上是榨乾收件者的銀行存款！[1] 駭客手法變得更為厲害與巧妙。

所以現在線上犯罪有哪些新把戲呢？我們又可以怎麼對付他們呢？

主題 33 罪犯如何控制你的電腦來勒索你？

在 2017 年 5 月，有個新型的惡意軟體，被命名為 WannaCry，感染了世界上一百五十個國家的電腦，造成數以千計的電腦無法使用，並且造成了預估四十億美元的損失。[2] 英國國家衛生服務無法正常運作，很多重要的維生手術都停止了。[3] 讓我們來認識勒索軟體，這是新形態的惡意軟體或是危險軟體，會感染電腦，對人們的日常操作有害。

勒索軟體

勒索軟體，像是 WannaCry，是一個會嚴重侵犯使用者電腦的軟體，會將使用者的檔案鎖起來，並且威脅要把解鎖的鑰匙丟掉，除非使用者付錢給這些罪犯。[4]

　　首先，這些惡意軟體通常是透過電子郵件的附檔[5]或者是危險的下載[6]進到使用者的電腦裡。這些惡意軟體會攻擊作業系統的漏洞，並且在使用者的電腦執行駭客所要執行的程式碼。[7]例如 WannaCry，攻擊微軟視窗的漏洞。（有趣的是，這個漏洞是被國家安全局所發現的。）[8]這就如同有人在蓋你家的房子的時候，在門鎖的部分出差錯，小偷就會利用這個錯誤，撬開門鎖侵入你家。

　　當惡意軟體進到你電腦上的時候，會執行一個程式，將使用者所有的個人檔案加密。加密會將檔案內容攪亂，所以使用者跟應用程式都無法讀取與使用這些檔案。但是每個加密都伴隨著一個特別的密碼，以進行解密。所以藉由這個「鑰匙」（key），[9]使用者可以將檔案內容恢復原狀。例如，我們可以將以下的訊息編碼「*Meet me on the lawn*」，轉化為「*Zrrg zr ba gur ynja*」。編碼過後的字串沒有任何意義，除非我們跟你說解密的方法是將這些字母往後移十三個位置（所以 *a* 變成 *n*，*b* 變成 *o*，*c* 變成 *p*，以此類推）。當你依照這個方法解密，就可以將編碼過的字串恢復成原本的樣子。

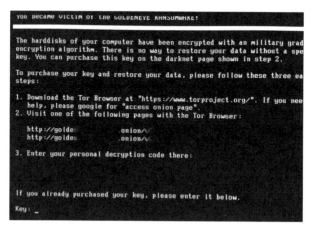

上圖是一個名為「黃金眼」（GoldenEye）的勒索軟體犧牲者的螢幕。
資料來源：Wikimedia[11]

　　所以勒索軟體將使用者的所有檔案加密，但是拒絕給使用者鑰匙。除非使用者願意付錢，他們才會給使用者鑰匙以及解密的程式。假如使用者拒絕付錢，他們就會把鑰匙永遠丟掉，這代表使用者將永遠失去檔案。[10]

　　勒索軟體會要使用者如何付贖金呢？使用者不可能寫一張支票或者是使用 Venmo 行動支付，因為這樣使用者就會知道勒索者是誰，政府單位也就能破獲犯罪。取而代之的是，贖金會透過稱為比特幣的一種匿名的線上貨幣轉給他們。[12] 比特幣像是匿名版本的 Venmo 支付應用程式：任何人都可以透過比特幣送錢給其他人，但是並不是用使用者名稱做為識別，而是匿名的代碼，稱為「比特幣位址」（Bitcoin address）。[13]

　　想要解鎖，使用者就必須到一個線上的比特幣交易所，在此使用者可以將美元（或者是其他「正常」的貨幣）兌換為比特幣，反之亦然。這就如同在銀行，可以在美元與披索之間兌換。[14] 在比特幣跟正常貨幣當中有一個「匯率」，就如美元跟披索之間也有匯率，不過比特幣的匯率浮動很大。[15]WannaCry 的贖金是三百美元相等的比特幣。[16]

　　使用者要使用一個特殊的應用程式，稱為「皮夾」（wallet）（在 Venmo 中也有類似的對應程式），才能將錢轉給這些騙子。然後這些罪犯承諾，他們會給使用者那把鑰匙以解鎖檔案，然後使用者的檔案都會恢復正常。[17]

　　假如你曾經不幸是這些勒索軟體騙局的受害者，我們鼓勵你不要付贖金。假如付贖金的話，你可能贊助一個龐大的線上犯罪集團，[18] 或者是敵對政府。例如國家安全局就發現，WannaCry 可能跟北韓政府有關。[19]

罪犯越來越專業

　　勒索軟體的經濟模式，讓某些很奇怪的事情發生。因為詐騙集團是匿名的，並且在解鎖使用者的檔案**之前**，就將贖金拿走。他們可以只是拿走贖

金，但是不給使用者解鎖的鑰匙。

然而，主要的勒索軟體通常會真的給使用者鑰匙。為什麼？因為這些攻擊者知道他們賺錢的唯一方式是使用者持續付贖金，而讓使用者持續付贖金的方式，就是讓使用者相信在付完贖金之後，真的能解開他們的檔案。[20]

相當詭異的是，這些騙子有很好的客戶服務，有時候甚至有電話中心與銷售代表的線上聊天室。[21] 有些甚至雇用設計師設計網站，使他們的網站看起來更吸引人。[22] 他們知道必須向受害者建立起「有信用」的聲譽[23]——即使信用這個字眼用在勒索並且威脅毀了使用者人生的人身上。

誰有風險？

大型組織，像是商業公司、醫院以及政府單位，對罪犯來說是最容易拿到錢的勒索對象，[24] 因為大部分的這些組織的資訊部門，對於更新舊軟體與作業系統的腳步很慢。比較舊的作業系統，普遍來說風險更高，因為他們很少有軟體更新。[25]

為了解決這個問題，微軟通常很快發布安全性更新，以阻止惡意軟體；在 WannaCry 的例子中，微軟發現視窗作業系統的問題，接著就發布了免費的更新。[26] 這個更新是非強制性的，但是微軟會強迫使用者更新某些處理危急的安全性問題，無論資訊管理部門是否想要進行這項更新作業。[27]

大型組織所會用到的其他工具，也可以用來對抗惡意軟體。例如定期備份檔案到雲端[28]（所以勒索軟體不能藉由加密檔案癱瘓這些組織），[29] 以及防毒軟體為了避免惡意軟體的攻擊，會定期掃描下載的檔案。[30] 然而，最好的防禦，就是主動處理。

有些組織開始完全捨棄傳統的作業系統，因為他們有很巨大的「攻擊範圍」——有很多地方會讓惡意軟體透過下載檔案與應用程式鑽入。[31] 谷歌用於 Chromebook 筆記型電腦的 ChromeOS，越來越受關注安全性的人歡迎，

因為 ChromeOS 就只是一個網頁瀏覽器；沒有一般可安裝的應用程式（應用程式是惡意主要的侵入方式）。此外，每一個 Chrome 分頁是在一個「沙盒」（sandbox）內執行，意味著一個網頁內的內容，不會觸及電腦的其他部分。[32] 但是 Chromebook 仍然有安全漏洞，像是以外掛方式入侵的惡意軟體，以及像是網路釣魚的詐騙都仍然持續發生。[33]

主題 34　人們如何在網路上販賣毒品以及偷來的信用卡？

2013 年，美國政府關閉一個名為絲路（Silk Road）的網站，[34] 類似非法的亞馬遜網站：他們販售毒品、假護照、槍枝與職業殺手等等。[35] 在兩年期間，他們販售超過十億美元的違禁品，只有部分的買家與賣家被捕。[36] 不幸的是，這並非故事的結局：非法線上商店在此之後如同野火般散布開來。[37]

這些非法的市場是如何運作的？人們如何在上面進行買賣？為什麼當局無法終結這個現象？讓我們來看一下。

深層與黑暗的網路

如我們可以想像的，絲路與它的後繼者不可能如同亞馬遜一樣運作：假如人們的名字出現在某些交易上，警察會很容易破獲。於是，在這些網站上的買家與賣家都是匿名的。[38] 但這還不夠：每台電腦的不重複 IP 位址，也足以追蹤到這些人。為了確保完全的匿名性，絲路必須打亂使用者與網站之間的溝通方式。[39]

我們每天所使用的「正常」網路，並非如此運作。所以絲路以及其他非法線上商店，必須用到一組相關的概念，「深網」（deep web）與「暗網」

（dark web）。[40]

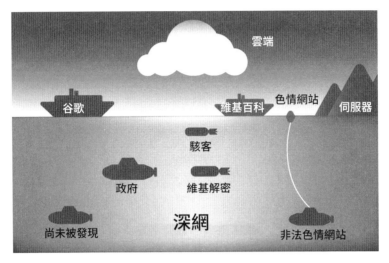

深網的概要圖。

資料來源：ApploidWiz[41]

　　我們來介紹深網。深網包含所有使用者無法透過谷歌搜尋到的網路資訊。使用者可以藉由其他網路輾轉抵達深網的網站。例如，透過朋友的臉書文章，但這不會出現在搜尋結果中，[42] 也不會出現在谷歌硬碟的檔案中、醫療紀錄、合法文件以及類似的地方。[43] 有人預估深網的數量，是我們可以透過谷歌找到的「乾淨」網站的五百倍。[44]

　　深網並不是絲路之後的主要創新，如果想知道創新的話，就看一下暗網。暗網是深網的次類型。如果想看暗網的內容，就必須有特殊的軟體，因為深網將所有的聯繫都加密，並且將 IP 匿名化。[45] 暗網有很長並且很奇怪的網址，是以 .onion 為結尾，它們還會拒絕不使用特殊軟體觀看網站的訪客。[46] 像是絲路一樣的非法線上商店，使用暗網藉以讓所有在上面的活動都無法被追蹤。[47] 事實上，一般人也不知道暗網的伺服器在哪裡，所以很難關閉它們。然而，程式錯誤會洩漏它們的 IP 位址──在偶然的情況下，這就

導致了絲路的關站。[48]

利用 Tor 看暗網

任何人都可以看暗網（這並不是非法的，雖然有很多不好的事情在那邊發生）。一般人只要利用一種特殊的加密與匿名化的軟體——Tor（The Onion Router，洋蔥路由器的縮寫）。[49] 正常來說，當使用者的電腦連接到一個網站，電腦就會在網路上廣播它的身分，以及它正要到哪個網站，這使得我們很容易追蹤人們正在看哪些網站。[50]

但是 Tor 並不是如此，我們用一個例子來解釋。想像你住在西雅圖，然後想要郵寄洋芋片給住在費城的朋友威廉。正常來說，你會在包裹上寫上你的地址以及威廉的地址。任何看到包裹的人，都知道你正要跟威廉聯繫。但如果洋芋片是非法的（這太可怕了！），而且你不想讓人知道你正要寄某些東西給威廉。

你可以使用其他的箱子將內容物層層包起來，最外層的盒子，稱為第一個盒子，是要從西雅圖到丹佛。第二個盒子是從丹佛到芝加哥，第三個盒子則是從芝加哥到住在費城的威廉手上。你的洋芋片放在第三個盒子裡，在第一個盒子外頭，你寫上「打開這個盒子，然後郵寄第二個盒子」。在第二個盒子則是寫「打開這個盒子，然後郵寄第三個盒子」。

所以你在西雅圖郵寄這個大包裹，當丹佛的郵局拿到這個包裹的時候，會忠實地打開第一個盒子，並且郵寄第二個盒子，當第二個盒子抵達芝加哥的時候，他們會打開它，並且郵寄第三個盒子。最後盒子就會到威廉手上。

這樣的設定過程很麻煩，但是這可以完全匿名化你的通訊，沒有一個郵局知道你要寄東西給威廉：西雅圖知道你要寄東西到丹佛，丹佛知道你要寄東西到芝加哥，芝加哥的人僅僅知道有人從丹佛寄東西給威廉。

這就是 Tor 的運作方式：它將你的通訊內容加密了好幾層，並且在不同

的中介「接力」電腦來回傳遞，每一台電腦只知道東西從哪來，以及要往哪去。[51] 這個方法讓人幾乎沒有辦法在 Tor 上追蹤任何通訊；即使國家安全局在追蹤這些通訊的時候也碰到問題。[52]

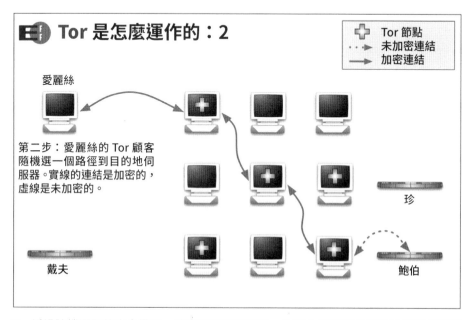

Tor 透過隨機選取的中介電腦，傳送網際網路通訊，也因此幾乎不可能追蹤使用者瀏覽過哪些網站。

資料來源：Electronic Frontier Foundation[53]

　　非營利的 Tor 專案提供了免費 Tor 瀏覽器，是修改過的火狐瀏覽器，使用了這個技術。[54] 所以任何想要看暗網的人，可以下載 Tor，然後開始造訪這些網站。[55]

如何瀏覽（以及關閉）黑暗市集

　　總括來說，任何想要看暗網的人，要先下載 Tor。就如同我們提過的，大部分暗網的網址故意取得很難記憶：調查新聞的非營利組織 ProPublica 有

一個暗網網站，網址是 propub3r6espa33w.onion。[56]（是的，合法網站也使用暗網！！）

因為很難記住暗網的網址，並且沒有任何暗網的搜尋引擎（依照定義的話），人們瀏覽暗網，是先搜尋一個名為 The Hidden Wiki 的網站。（技術上來說，同樣名稱的網站很多，但沒有一個是官方網站。）The Hidden Wiki 有很多暗網的網址，人們可以在上面找到自己需要的網站。[57]

當成功造訪像絲路一樣的黑暗市集後，會發現跟在亞馬遜購物的感覺沒有太大不同（當然除了都在賣東西以外）：賣家有利潤、產品有圖片，之前的買家也有留下評價。[58]

為了保持匿名性，所有在暗網上的買賣都是使用匿名貨幣，像是比特幣。在暗網上買東西並不像是直接付款一樣簡單。相反的，買家必須將錢送到中央管理的「第三方託管」（escrow）帳號，直到買家確認收到貨物，錢才會送到賣方手上。[59]

要注意的是交易只能透過網站，並且要將一筆可觀的錢放在第三方託管帳號一段時間，這個中央管理的機制就成了絲路的最大弱點。[60]絲路創辦人的某些程式錯誤，使得聯邦準備理事會能追蹤到伺服器的實體位置，在 2013 年被查獲。因為這些伺服器有絲路的所有程式碼，以及絲路託管的比特幣資料，絲路立即被下線——這是執政當局的一次大勝利。[61]

不幸的是，很多模仿者冒出頭來，而試著將他們關閉就成了一場打地鼠遊戲。[62]在絲路被關閉之後，一個絲路的衍生網站絲路 2 出現了。它在 2014 年被關閉，另外一個市集——AlphaBay——出現了。AlphaBay 在 2017 年 7 月被查獲，[63]但是有安全專家擔心會有一個更為危險的黑市——能免於被查獲——可能正在醞釀。

一個不會被擊倒的黑市？

　　讓我們來認識一下 OpenBazaar，一個在 2017 年加入暗網的線上市集。[64] 不同於絲路有中央控管的伺服器（這是他們的最大弱點），OpenBazaar 是完全的去中心化：每個交易是直接發生在賣家與買家之間。這就像是去一個跳蚤市場，而不是超級市場。跳蚤市場是去中心化的：買家與商家直接交易。另一方面，超級市場是中心化的：商家將商品賣到超級市場，超級市場再將商品賣給買家。如果超級市場被摧毀，就沒有人可以買或賣東西。但如果要關閉一個跳蚤市場，就必須把每個商家都關閉。如果絲路像是超級市場，OpenBazaar 就像跳蚤市場。

　　不同於直接連到一個中心化的網站，每個 OpenBazaar 是使用者下載某些軟體，透過該軟體直接聯繫彼此。當買家與賣家找到交易對象，他們可以選定價錢然後直接交易。[65] 不需要有一個中央伺服器負責第三方託管比特幣的帳號，OpenBazaar 讓買家與賣家找第三方處理糾紛。[66]

　　簡而言之，因為 OpenBazaar 沒有集中式的管理，執法單位沒有辦法將它關閉，除非是查獲每一個執行 OpenBazaar 的電腦，所以要摧毀 OpenBazaar 幾乎是不可能的。[67]OpenBazaar 的創辦人說，他們不會監督有什麼東西在網站上賣 [68]——事實上，在這個分散系統的模式上，他們也沒有辦法監督。[69] 這是一個很基進但也很危險的想法。

暗網的合法使用

　　當你聽到關於所有發生在暗網的犯罪的時候，很容易忘記在其上也有合法的使用。畢竟，暗網只是匿名瀏覽網路。[70]

　　某些主流網站也開始提供暗網版本的網站，藉此來保護他們的使用者。例如，在 2014 年，臉書提供了透過暗網連接他們的網站，這使得因為政治審查而禁用臉書的國家，如中國，[71] 其民眾也能使用臉書。扮演吹哨者的非

營利組織 ProPublica 在 2016 年建立他們的暗網網站，幫助一般人避免政府的審查，或者是會傳送定向廣告給他們的追蹤軟體。[72]

被用於存取暗網的 Tor，也只是一個加強隱私的網頁瀏覽器。[73]Tor 的專案上廣泛列出有哪些人會因為匿名性而獲益：

> 使用 Tor 的每個人，可以避免網站追蹤他們以及其家人，或者是連到被網路供應商封鎖的新聞網站、即時通訊等類似的網路。Tor 也可以用於具社會敏感性的通訊上：如給強迫與虐待的倖存者，或者是有疾病的人們……記者也可以利用 Tor 以便更安全地與吹哨者與異議分子聯繫。[74]

最後，雖然比特幣被很多暗網所使用，但是它並不是暗網的一部分——它是一個有很多合法應用的獨立技術。支持者主張它保護買家與賣家的隱私，[75]比特幣也因為沒有被任何政府擁有，[76]所以政治壓力更少。但是有人擔心如果一般人很難學會使用比特幣，它也仍然主要是被罪犯所使用。[77]

簡單來說，比特幣、Tor 與暗網等技術都是合法的。很多非法的行為會使用這些技術，但是我們仍然可以用它們來做好事。

主題 35　WhatsApp如何徹底加密你的訊息，甚至連它們自身也無法讀取？

無論你想登入像推特一樣的網站、在 Gmail 上寄信，或者是在亞馬遜上買東西，在很多情況底下，你會希望你的通訊內容都被加密，避免被人竊聽。[78]為了達到這個目的，網站會使用一種稱為 HTTPS 的技術，這個技術

會自動把你電腦與網站伺服器之間的通訊加密。[79]

　　這邊有一個要注意的重點：即是在使用者的電腦與伺服器之間的資訊都會被加密，但是這些資訊仍然可以在伺服器上被解密與讀取。[80]有時候，這是必需的：如果沒有解密，亞馬遜無法讀取使用者的信用卡號碼進行扣款。但是，有些公司利用解密的個人資料的方式，讓顧客感到不愉快。例如谷歌過去會讀取Gmail使用者的電子郵件，並發送定向廣告給使用者——至少直到2017年，谷歌才停止這麼做。[81]另一個危險是，如果這些公司可以解密使用者的資訊，政府可以強迫這些公司將資訊交給政府。[82]

　　所以即時通訊軟體WhatsApp在2014年發表的「端對端加密」（end-to-end-encryption）的功能，被廣為讚揚，因為這個功能只允許聯繫的雙方可以解密訊息內容，其他人都無法解密。無論是WhatsApp或者是它的母公司臉書，也無法知道雙方說了些什麼！[83]主張隱私權應該被保護的人對此感到相當振奮，[84]但是WhatsApp是如何加密訊息內容的呢？

你收到（加密的）信了

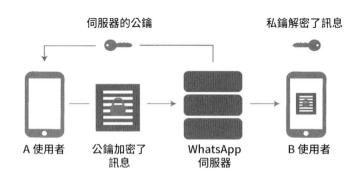

WhatsApp的端對端加密的運作方式。
資料來源：Wired[85]

　　為了理解端對端的加密方式，我們用隱喻的方式來解釋。假設在某個邪惡的國家，他們的郵政系統會打開任何人郵寄的包裹，查看裡面的內容。可以想見公民會很不愉快，但是如果他們想寄到遠程的地點，就只能使用郵政系統。所以公民發明了一個聰明的方式，除了收件人以外，其他人都無法打開包裹。每個人都打造了一把鑰匙和幾百個鎖，鎖只能用這把鑰匙才能打開。鑰匙則被藏在每個人家中的安全之處，但他們把鎖配銷到全家像是家得寶的五金行裡。

　　比如說你住在這個城市，你要寄送一個盒子給你朋友瑪莉亞，你從附近的五金行買了一個瑪莉亞也擁有的鎖，並且用來鎖住這個盒子。當你要寄給她的時候，郵政系統會試圖知道這個包裹的內容。當然，在沒有鑰匙的情況下，他們無法打開盒子。但是當瑪莉亞收到這個盒子，因為她有鑰匙，所以能打得開。

　　這個系統很安全，因為只有收件人可以打開這個盒子。這個方法也很聰明，因為任何人無須事先協調，就可以郵寄包裹給彼此。你只需要從五金行買一個對方也有的鎖，就可以隨時郵寄包裹給對方。

　　這也是端對端加密的運作方式，這個方法稱為「非對稱式加密」（asymmetric encryption）或者是「公鑰密碼學」（public key cryptography）。[86]藉由這個方式，每個使用者會有一個「公鑰」（public key）（在我們的例子是一個鎖），以及一個「私鑰」（private key）（在我們的例子，就是一個私人的鑰匙）。每一個訊息都會利用接收訊息的人的公鑰進行加密，也只能透過私鑰以及一些數學進行解密。[87]所有的加解密都是在使用者的裝置上進行，所以 WhatsApp 的團隊完全不可能解密訊息。[88]

雙面刃

　　端對端的加密方式對於珍視隱私的人是一大勝利[89]，尤其是對端對端加

密感興趣的記者，需要在逐漸升高的政治審查中，更安全的與消息來源溝通。[90] 政治異議分子被打壓的國家，如敘利亞，也開始使用端對端加密的即時通訊軟體，如 WhatsApp，來躲避政府的監控。[91]

　　不幸的是，這增加隱私的加密方式也幫助了恐怖分子，例如 2015 年的巴黎恐攻，[92] 恐怖分子就是使用 WhatsApp 這類的即時通訊軟體進行聯繫。沒有文字訊息這個關鍵證據，執法單位很難要罪犯認罪。[93]

　　還有其他壞事也歸咎於 WhatsApp 的端對端加密，如在 2018 年的印度發生過因為在 WhatsApp 上像是野火快速延燒的假新聞與謠言，導致了氾濫的暴民殺戮行為。因為只有發送者與接受者能知道端對端加密的訊息，WhatsApp 上的訊息無法被追蹤與停止，這讓臉書與印度警方感到無能為力，無法停止假新聞訊息的傳布與知道是誰傳送這些訊息[94]（臉書在 WhatsApp 增加了對於謠言的事實檢驗功能，[95] 並且限制了訊息的轉傳，[96] 但是警方仍然無法知道這訊息是從哪來的）。

　　然而可以確定的一件事是，無論是更好或更壞，端對端加密都會持續被使用。

主題 36　為什麼FBI要控告蘋果公司以入侵iPhone？

　　在 2016 年，FBI 要求蘋果公司幫助解鎖一部用於加州聖貝納迪諾（San Bernardino）的致命槍擊案件的 iPhone。[97] 蘋果公司在 2008 年到 2016 年幫助政府解鎖過七十次，[98] 但這次蘋果拒絕，所以 FBI 提告蘋果。[99] 為什麼會有這齣法律戲碼演出呢？簡單的一個詞：加密。

　　在事件發生之前，蘋果公司只要解開密碼鎖，並且將 iPhone 的檔案交

給聯邦政府。[100] 所有這七十支 iPhone 都是使用較舊的 iOS，沒有一個版本超過 iOS 7。但是聖貝納迪諾的 iPhone 是使用 iOS 9，[101] 問題是蘋果在 iOS 8 的時候，移除了強制解鎖的功能，這使得 iPhone 更為安全，但也使得蘋果無法解鎖 iPhone。[102]

從 iOS 8 開始，iPhone 不再檢查使用者所輸入的密碼，是否與儲存的密碼相符合。它將使用者所輸入的密碼混搭一個 256 位元的代碼（稱為 UID），這個代碼是每支手機獨一無二的號碼，並且被存放在手機中安全的地方。然後每次開鎖，手機比對你所輸入的密碼的混搭（mashup）結果，是否符合存放在檔案中的原先混搭的密碼。這個混搭，或者是「雜湊」（hash），無法被反向工程破解，所以在不知道原先的密碼的情況下，無法解鎖手機。[103]

假如，像是 FBI，不知道手機的密碼，唯一的方法是隨機猜測密碼，這被稱為暴力破解法。[104] 但是蘋果讓這個過程非常困難，因為你無法從手機中取得 UID，所以只能用老派的方法來猜測密碼——在鎖定的螢幕上輸入密碼。[105] 而最致命的一擊是當你一直猜錯密碼，iPhone 會將內容清空。[106]

這讓聯邦政府陷入困境，因為唯一的解鎖辦法是隨機猜測密碼，而且你只有十次機會。[107] 他們無法讓蘋果停用 UID 技術——這在實際上是不可行的。但是 FBI 發現一個漏洞：他們要求蘋果製作一個沒有十次限制的 iOS 版本，並且讓 FBI 可以利用電腦程式輸入密碼，而不是手動輸入，這樣可以加快暴力破解的速度。[108] 蘋果拒絕這麼做，他們認為強迫寫這樣的程式碼是違反他們的言論自由權。[109]

一場激烈的法庭攻防戰開始了。[110] 科技社群擔心如果 FBI 贏了，這個危險的先例會讓 FBI 取得任何他們想要的加密資料。[111] 對 FBI 而言，當然，他們想要這些證據。

法庭戰役並沒有結束，因為 FBI 在沒有蘋果的幫助下，成功駭入槍手的

iPhone。[112] 直到今天，依然沒有人知道 FBI 是怎麼做的 —— 儘管某些訴訟中，要求 FBI 解釋他們的做法，但是政府只說這是秘密。[113]

這個故事的結尾說明，執法單位與安全性的關係會越來越緊張。當 iPhone X 引入臉部辨識用於解鎖螢幕，很多人擔心警察只需要將手機對準嫌疑犯的臉部就能解鎖 —— 這會降低整個系統的安全性。[114]

主題 37　假的無線網路如何幫助某些人偷取你的身分？

當你走入星巴克，打開你的無線網路，想要快快收取電子郵件。你發現到有一些不需要的無線網路，它們的名稱分別是「Free Wi-Fi by Starbucks」、「Google Starbucks」，或者是「Free Public Wi-Fi」。你會選擇連上哪個網路呢？（先選一個再往下看！）

其實，只有「Google Starbucks」是由星巴克營運的合法無線網路。[115] 如果你選擇其餘兩個，也許會遇上麻煩。駭客常常設置假的無線網路，設法誘導使用者連上這些網路。[116] 如果你連上駭客的網路，駭客的無線基地台就在你的電腦與每一個你連上的網路中間，所以他們可以讀取你所送出與收到的所有訊息。[117]

更熟練的駭客知道你的電腦會將它之前連上的網路名稱廣播出來，所以會自動連上任何一個名稱跟它所記得一樣的無線網路基地台。因此駭客會讀取你的裝置記憶的無線網路基地台列表，並且讓他們的無線基地台假裝是這些名字之一 —— 然後，你的電腦就會自動連上這些假的無線基地台。[118] 在這個狀況下，即使不做任何事情，駭客也可以透過惡意的無線基地台駭入你的電腦。

當你在駭客的無線網路上時，他們可以看到並且操弄每個你與網站和應用程式傳輸的訊息。

繞過 HTTPS

等一下，你可能正在想，HTTPS 不是加密了所有通訊內容嗎？這是正確的，假如你使用 HTTPS 連線，駭客將無法知道你所送出的訊息，你也會處於安全的狀態。[119] 但是有個要注意的地方。

在 2009 年，有個研究員發布了一個叫作 SSLStrip 的工具，[120] 這可以幫助駭客用來愚弄你的電腦，讓電腦以為是透過 HTTPS 在通訊，實際上則是 HTTP。[121] 你將不會發現任何差別，除非你注意到網址列沒有綠色的掛鎖，以及沒有「https」。幸運的是，網頁瀏覽器已經可以很聰明地警告使用者可能遭遇 SSLStrip 的攻擊：他們會利用鮮紅的斜線將網址列中的「https://」打叉，並且會顯示類似如下的警告「這可能不是你查詢的網站！」。[122]

但假如駭客使用 SSLStrip，而你沒有注意到呢？你可能就會連到一個是使用 HTTP，而非是 HTTPS 的網站。讓我們來看一個例子，說明這有多危險。

中間人

假設有個叫作莎拉的女性，正在使用美國銀行的線上銀行功能。無論她何時登入，瀏覽器會將她的使用者名稱與密碼送到 https://bankofamerica.com。這個訊息可能是「**嗨，我的使用者名稱是 SarahTheGreat，我的密碼是 OpenSesame**」。因為美國銀行使用 HTTPS 這個安全且加密的網路連接方式，這個訊息在被送出前會被加密，或者是擾亂。只有美國銀行能解密，並且知道莎拉的使用者名稱與密碼。如果駭客想看她送到美國銀行的訊息，就只會看到一連串沒有意義的文字。[123]

但假如莎拉到星巴克，然後連上了駭客的假網路，再打開 https://bankofamerica.com。因為駭客的無線基地台使用 SSLStrip，無線基地台傳回的網址是 http://bankofamerica.com（注意到差別了嗎？它是使用 HTTP 而不是 HTTPS）。一個字母的差異看起來不是什麼大問題，但是因為莎拉使用 HTTP，所以她跟 bankofamerica.com 的通訊都是使用沒有加密的。[124] 所以當她登入，並且傳送「**嗨，我的使用者名稱是 SarahTheGreat，我的密碼是 OpenSesame**」，駭客就能看到明文的訊息——這是沒有加密的內容！[125] 駭客可能將這個訊息傳到 bankofamerica.com，他們不會注意到差異；因為駭客傳送了正確的使用者名稱與密碼，所以他們讓駭客登入了。[126]

這就是所謂的「中間人」（man-in-the middle）攻擊，[127] 當駭客讓莎拉使用沒有加密的 HTTPS，他就正好處在莎拉跟美國銀行**中間**，並且可以「聽到」他們的對話。藉由獲取莎拉未加密的密碼，駭客可以自行登入莎拉的銀行帳戶，並且將錢轉到自己的帳戶！

並不是只有在使用線上銀行有危險，藉由中間人攻擊，駭客可以假裝是其他人在電子商務網站購物、寄電子郵件、使用社交網路，或者是其他類似的活動——這是具有毀滅性的攻擊。[128]

駭客使用中間人攻擊，並不總是為了賺錢。在 2013 年，有一個有名的例子，國家安全局長期被批評監控公民的生活，被指控使用中間人攻擊假裝為 google.com，並且監控所有到這個假網站的人的行為。[129]

保持安全：使用 VPN

中間人攻擊之所以成功，是因為開放的無線網路先天的不安全性。[130] 為了保護你自己，專家建議使用 VPN（虛擬私人網路，virtual private network）。VPN 可以在你與網站之間建立端對端的加密，所以無線網路基地台就無法看到明文的通訊內容。[131] 科技專家常常說 VPN 建立了使用者與

網站之間直接與安全的「隧道」（tunnel）。[132] 簡單來說，VPN 讓使用者可以將公開的無線網路轉變為私人的無線網路。[133]

　　有很多免費或者是便宜的 VPN，[134] 我們鼓勵你在連接到開放的無線基地台的時候，使用 VPN 來連線。

　　總而言之，假的無線基地台如何幫助駭客竊取你的資料？假如駭客能讓你連上他們使用 SSLStrip 的無線基地台，他們可以進行中間人攻擊，取得你的密碼以及其他認證資訊。藉由這個方式，他們可以在你沒有意識到的情況下，竊取你的身分認證資料。如同我們在最後一節所提到的，避免中間人攻擊最好的方法，就是使用 VPN。

第8章

硬體與機器人

本書主要是介紹軟體，但是如果沒有像是手機、平板、電腦、手
錶與眼鏡等等的硬體，即使是最屬害的應用程式也無法執行。這
些硬體裝置也已經變得相當強大：手機可以取代信用卡，[1] 眼鏡
則可以錄影，[2] 而機器人則可以在沒有人類的操作下作戰。[3]
這些由矽這個元素所構成的奇想是如何達到的？讓我們來看看。

主題 38 什麼是位元、KB、MB與GB？

無論你正要購買一百二十八 GB 的 iPhone、下載五十 MB 的應用程式，
或者是編輯十五 KB 的文件，你可能一直都在使用測量數位事物大小的單
位。但是 KB、MB 與 GB 到底是代表什麼意思呢？

首先，我們從基礎開始：你是如何寫下資訊的？以英文為母語的人，
是使用二十六個英文字母與從 0 到 9 的數字來書寫，將它們分別串成單字
與數字。同時，電腦只有兩個字母——0 跟 1——用來儲存所有資訊，從文
字、影像到電影，都是由一系列的 0 跟 1 所組成。每一個 0 跟 1 稱為位元
（bit）。位元太小了，無法自行運用在很多地方，所以我們用由八個位元
所構成的位元組（byte）來測量資料。[4] 例如我們使用的數字 166，在二進位
制（數字是八個位元，或是一個位元組的大小）是 10100110。

位元組是用來測量檔案的大小，就如同碼是測量足球場的單位。例如平

均一張照片是三到七百萬個位元組，[5] 安卓與 iOS 應用程式平均的大小是三千八百萬位元組，[6] 而高解析度的電影則可以多到二百五十億個位元組。[7]

因為檔案可以到很大，我們有不同測量檔案儲存空間的單位，就如同我們有用來測量距離的公分、公尺，以及公里。一 KB（kilobyte）是一千個位元組，一 MB（megabyte）是一百萬個位元組，而一 GB 則是十億個位元組。[8] 所以回到我們的例子，一張照片大約是三到七 MB、一個應用程式約為三十八 MB，而高解析度影片則可以到二十五 GB。

在 KB、MB 與 GB 這些「標準」的單位以外，還有 TB（terabytes，一兆個位元組）、PB（petabytes，一千兆個位元組），以及奇特的 EB(exabytes，一京個位元組)。[9] 有時候這些單位很有用：例如在 2013 年，所有網際網路流量為五 EB，這是會讓人下巴嚇到掉下來的五十億 GB，五京位元組。[10]

主題 39　中央處理器、記憶體與其他電腦以及手機的規格是指什麼？

當你買 MacBook、三星 Galaxy 手機，或者是其他任何裝置，你會看到一堆「規格」（spec），或者是很多數字說明你的裝置有多強大與多快。[11] 有些規格很簡單，像是 iPhone 7 說它有三十二 GB 的儲存空間。[12] 但有些看起來很令人困惑：什麼是「四核英特爾中央處理器」與「五百一十二 GB 的主機板上的固態硬碟」？[13]

這些可能讓你頭暈目眩，可以寫一整本書來介紹這些規格，但是我們只要看最重要的部分。每一個運算裝置（筆記型電腦、平板、手機與智慧手錶等等——任何有互動螢幕的裝置）都有同樣的功能。

CPU：中央處理器

我們從「管理運作的大腦」，中央處理器（Central Processing Unit, CPU）[14]，開始介紹。中央處理器是一個小型與正方形的晶片，負責執行所有的運算，並且使你的裝置能運作，例如決定要在螢幕上繪製什麼內容、連接到網際網路與進行計算。

英特爾中央處理器晶片的內面。
資料來源：Eric Gabal[15]

中央處理器由幾個較小部分組成，稱之為「核」（core），每個都可以獨立進行運算。[16] 有越多核的中央處理器處理運算的速度會更快，並且也能同時做更多的工作。[17] 這就如同，假如有四個人在道路上鏟雪，可以比一個人做快四倍。一般來說，有越多核的中央處理器可以執行需要大量運算的應用程式，如影片編輯、強調圖形效果的遊戲，或者是大量數字計算。

中央處理器也有一個時鐘速率，這是它們每秒可以執行計算的數目。[18] 時鐘速率通常是用吉赫（gigahertz, GHz）做測量單位，這代表的是每秒十億

次計算。[19] 理論上來說，較高的時鐘速率代表著更快的中央處理器。但是大部分的人不再用時鐘速率來比較，因為有太多其他因素會影響中央處理器的速度，而且也不能使用時鐘速率來比較跨廠牌的中央處理器的速度。[20]

要比較不同的中央處理器很困難，因為有太多因素會影響速度與效能了。要比較兩種中央處理器，概略的估算方式就是用系列號碼：英特爾晶片的號碼有 i3、i5、i7 跟 i9。[21] 一般來說，較大的晶片號碼，像是 i9，比較小的號碼如 i3，更快同時也更強大。[22]

所以最好的中央處理器是哪一個？這就看你的需求是什麼。中央處理器越強大，就會越耗電，電池越快沒電。[23] 所以如果只是要看臉書與寄電子郵件，你不需要一個全能的中央處理器。就如同你如果只是要開車到雜貨店，就不需要一台法拉利。

最後，我們簡單來說一下兩個中央處理器的主要類型：安謀（ARM）與英特爾。英特爾的晶片（為人所熟知的 x86）傳統上更為強大，安謀的晶片則是更便宜與省電。所以傳統電腦會使用英特爾晶片，而手機則會使用安謀晶片。 然而，隨著安謀晶片穩定改良，界線開始變得模糊：[24] 某些 Chromebook 使用安謀晶片，有些則是用英特爾。蘋果電腦宣布將在 2020 年將 MacBook 從英特爾轉移到安謀。[25]

儲存空間：長期記憶

你的裝置需要儲存影像、應用程式、文件，與其他你想要保留的檔案。為了達到這個目的，需要某些長期的儲存空間。[26] 我們先來看電腦上有哪些可以使用。（這是指非手機與平板，我們將在後面稍微介紹一下。）

傳統儲存數位資料的方式是使用硬碟（Hard Drive, HDD），當中有一個旋轉的金屬片與一層磁鐵用來儲存資料。有一個特殊的機械手臂用來讀寫硬碟中的資料。[27]

一個硬碟，大部分硬碟直徑是 2.5 到 3.5 吋。[28]

資料來源：Wikimedia[29]

　　然後，有較新的固態式硬碟（solid-state drive, SDD），它沒有移動的部分，而是將資料儲存在由許多小型盒子所構成的巨大網格，這些小型盒子稱之為「單元」（cell）。[30] 每一個單元儲存 0 或 1[31]（就好像是一個格子鬆餅，表面有一個很多正方形組成的網格，然後可以在你想要的正方形內倒入楓糖漿）。因為固態硬碟很小，而且只是由一群單元所組成，所以沒有移動的部分，我們將會跟你解釋為什麼這個特點很重要。這個技術稱為「快閃記憶體」（flash memory），而且非常普遍。固態硬碟、快閃硬碟與 SD 卡都是使用快閃記憶體來儲存資料。[32]

一個固態硬碟。注意看當中沒有可移動的部分。

資料來源：Wikimedia[33]

硬碟 vs. 固態硬碟

所以哪個儲存形式比較好呢？硬碟是由移動的機械手臂與碟片組成[34]，所以會比較快出現硬體問題（即使是在正常使用情況下）、有噪音、笨重且耗電。[35] 同時，固態硬碟沒有移動的部分、更為堅固、較安靜、更輕便且效能更好。[36] 另外，硬碟需要在移動的磁碟片上來回旋轉找資料，而固態硬碟只要送電子脈衝，這使得固態硬碟比硬碟更快。[37]

換句話說，固態硬碟幾乎在每個方面都擊敗硬碟，更輕、更安靜、更堅固且效能更好。[38] 硬碟的價錢是從每個位元組來計算，較為便宜，但是這個優勢也隨著固態硬碟每年降價而逐漸喪失。[39] 一個一 TB 的固態硬碟售價，在 2012 年的時候超過一千美元，但是今天則是低於一百五十美元——實際上，在寫這本書時，硬碟與固態硬碟的一個位元組的售價幾乎是一樣的。[40]

所以傳統上所有電腦都是使用硬碟，但是固態硬碟則是在逐步勝出。你甚至無法再買到使用硬碟的 MacBook[41] 與微軟的 Surface[42]，因為它們現在都

只提供固態硬碟。

　　同時，手機、平板與相機都是使用快閃記憶體。[43]（記住，固態硬碟是特別設計給筆記型電腦使用的快閃記憶體。[44]）理由之一是硬碟不能再做得更小，小到夠塞入行動裝置當中，因為硬碟唯一能縮小的是旋轉的碟片。[45]所以，更小的裝置必須使用快閃記憶體。另外，快閃記憶體的特色是小型、節能與抵抗衝擊，這對於行動裝置而言是必要的。[46]

SD卡也是使用快閃記憶體，跟手機與平板的儲存媒介一樣。
資料來源：Mashable[47]

隨機存取記憶體：短期記憶

　　隨機存取記憶體（random-access memroy, RAM）是你裝置的短期記憶。（人類也有短期記憶，比如你暫時記得一組電話號碼，並且試著輸入。[48]）每個你執行的應用程式、分頁瀏覽頁面，以及開啟Word文件，都會使用到一些隨機存取記憶體用來記憶你正在做的事情。[49]重要的是，要注意隨機存取記憶體所儲存的內容有多短暫。當你重新啟動應用程式的時候，隨機

存取記憶體就會被清空。這也就是為什麼，如果沒有存檔，當你重新開啟
Word，檔案內容就會消失。類似的是，當你重啟你的裝置，隨機存取記憶
體也會被清空。這也就是為什麼當你重啟手機與電腦後，沒有任何應用程式
在執行。[50]

為什麼你會需要隨機存取記憶體與儲存裝置呢？想像一下，你要做一些
數學作業，同時需要參考很多筆記與書籍。如果你將筆記與書籍放在書架
（儲存空間）上，你每次都得站起來去拿這些資料，這將會害你解題變得很
慢又沒效率。相反的，你可以將書籍放在書桌上，將所有筆記攤開也放在桌
上，讓你可以很快瞄一眼之後取得資料，這就是隨機存取記憶體。有個缺
點：當你有越多東西在桌上，你的書桌將會越來越凌亂，最後就沒有空間可
以使用。這就如同隨機存取記憶體幫你一次處理很多運算，但有一定的限
量。[51]

如果你的隨機存取記憶體沒了，會發生什麼事？（如果你的瀏覽器開了
兩千個分頁，就會發生這件事。）你的電腦將會從硬碟或是固態硬碟借一
些空間（稱為「調換空間」〔swap space〕[52]），將這些空間當作額外的記憶
體，但是借的空間越多，就必須花更多時間讀取內容，因為儲存空間的速度
比隨機存取記憶體慢，這也就導致你的電腦越來越慢。[53] 這就是為什麼當你
開了很多應用程式、遊戲與瀏覽器分頁，你的電腦就如同在龜速爬行一樣。
如果這個情形發生了，你可以關閉記憶體──關掉應用程式來節省隨機存取
記憶體。或者是重啟裝置，這將會清空所有的隨機存取記憶體，並且讓你重
新來過。[54]

總的來說，越多記憶體越好，雖然花的錢也越多。[55] 更多的記憶體幫助
你處理龐大的遊戲、影片編輯與需要很多資料的應用程式。但假如你只需檢
查電子郵件，或者是瀏覽網路，可以選擇使用較少的記憶體。[56]

用更多的記憶體會讓你的電腦更快，這並不是解決問題的完美技術，因

為有可能是其他因素如中央處理器拖慢電腦速度。[57]

取捨

從這個部分我們學到最重要的一課是，硬體製造商在設計裝置的時候，必須做某些取捨。例如電競筆記型電腦需要最大化隨機存取記憶體的數量，但為了降低成本，就必須犧牲電池的續航時間。[58] 有些伺服器（運作網站的大型電腦）主要設計於儲存圖片，有更大的儲存空間，但是犧牲了隨機存取記憶體的容量，因為它們不需要執行很多應用程式。[59] 你不能擁有全部優點，所以必須找出哪些功能是最重要的。

主題 40　為什麼蘋果公司要讓舊的iPhone降速？

2017 年，蘋果公司確認了很多人好幾年來的懷疑：他們會將舊版 iPhone 的速度變慢。[60]

很多人覺得這是蘋果一個賺錢的陰謀 —— 故意讓手機很快出問題，然後強迫使用者買新的手機，這個策略稱為「計畫性報廢」（planned obsolescence）。[61] 然而，實情可能更實際些。

隨著手機逐漸老化，手機的鋰電池也會變得更糟。你每充電一次，這稱為一次「充電週期」，而在五百次充電週期之後，iPhone 會喪失 20% 的充電能力。[62]（所以當你注意到你的電池續航時間隨著手機老化，而越變越糟時，就不會發瘋。）同時，因為硬體一直在改良，應用程式與 iOS 也因應需要更多的能源與電量。[63]

你的舊手機的組合很危險：電池續航的時間漸減，電腦的需求更多。你手機的電池壽命越來越糟，而且如果應用程式需求的電量遠多於你手機的電

池所能提供的，你的手機也許會當機。[64]

為了避免隨機的當機狀況發生，蘋果決定調慢舊版 iPhone 的速度，減少尖峰功率使用，這可以減低當機的的機率，並且改善電池壽命。[65]

電池事件的反彈

當消費者知道蘋果在沒有告知的情況下，調降了手機速度，感到相當憤怒。義大利反托拉斯署 AGCM 對於蘋果一直在增加舊版 iPhone 對於設備的需求（如推出更新與更耗電的 iOS），而且沒有提供使用者「恢復裝置上所有功能」的方式，感到不快。對這些違規舉動，AGCM 處罰蘋果公司五百萬歐元。[66]

為了回應這些反彈，在 2018 年，蘋果宣布消費者可以以二十九美元的價格更換電池，而不是原本的七十九美元。[67]

這也幫助了蘋果的公關，但這個措施有點太優惠了。蘋果總共以二十九美元更換了一千一百萬個電池，遠高於他們所預估的一到二百萬個電池，消費者也注意在更換電池之後，手機的表現非常好。事實上，手機好到他們甚至不打算升級到在 2018 年末推出的 iPhone XR 與 XS。[68]在升級者不足的情況下，嚴重影響到蘋果的營收。蘋果的執行長提姆・庫克宣布在 2019 年的營收比之前預估的要少七十億美元。[69]

簡單來說，電池更換方案讓使用者看到簡單的電池更換就足以讓 iPhone 回春，導致較少的手機更新，並且打擊了蘋果的營收。這個故事的道德層面是：手機會隨著時間而老化，但是沒有糟糕到如你所想像的——而且手機廠商不一定很積極地想讓你了解這些事情。

主題 41　你是如何用指紋解鎖你的iPhone？

就如同我們喜歡「移動滑桿來解鎖」的手機待機畫面一樣，我們現在也很興奮可以有新的解鎖手機的方式：指紋。從 2014 年開始，三星的 Galaxy S 手機讓使用者能透過指紋掃描器來解鎖手機。[70] 這個技術也普遍運用於其他安卓手機上。[71] 但這是如何運作的呢？

光學掃描

最早的指紋掃描是「光學掃描」（optical scanning），就如同字面上所說，是有一個小型的相機拍下指紋的照片。它會將掃描的指紋照片中的「紋脊」變黑，將「紋谷」變白，產生高對比的指紋照片。然後將其與內部的資料庫比對，尋找是否有符合的紀錄。[72]

問題是這些掃描器並不是很安全，[73] 因為光學掃描只是拍照，你可以使用照片矇騙掃描器。研究者甚至發現一個有許多指紋的「主要合集」（master set），可以騙倒 65% 的光學指紋掃描器。[74]

電容掃描

最近，大家開始使用比較安全的掃描方式「電容指紋掃描」（capaticive finger print scanning）。這個方式是偵測器覆蓋了許多電容器或者是很小的電池。[75] 指紋上的紋脊會增加電容上的電量，而紋谷則不會對電量產生什麼變化。手機利用這樣的模式建立高解析度的指紋影像，並且會與資料庫中已經儲存的指紋影像做比對。[76]

因為不會被照片矇騙，支持電容掃描的人認為相當安全。[77] 但是有研究者成功破解了電容掃描，他利用他拇指的高解析度圖片，製作了一個模型，

接著就利用這個模型來破解電容掃描。[78]

生物識別技術

所以即使是最好的指紋掃描系統，也不是完全安全的。這也就是越來越多的手機開始更安全的「生物辨識」（biometric）登入系統的原因，例如虹膜辨識[79]與臉部辨識，生物辨識系統在 2017 年就由 iPhone X 引入。[80] 根據報導，蘋果手錶也考慮藉由使用者的心跳模式進行身分認證。[81]

喔，當你覺得一切都可以安心的時候，這套「更安全」的系統還是有可能被駭客入侵。還記得我們提過利用模型成功破解電容掃描的研究者嗎？他也證明了他可以用高解析度的照片騙過虹膜辨識，[82] 這也證明了：生物識別技術不是完美的。[83]

主題 42　Apple Pay是如何運作？

從 2014 年開始，你可以藉由結帳櫃檯的讀卡機，透過輕觸你的 iPhone，支付購買食物、衣物以及其他商品的費用，這個技術稱為 Apple Pay。[84] 谷歌在 2015 年也提供類似服務，稱之為 Android Pay。[85] 這些「神奇的」輕觸付款系統是如何運作的呢？

Apple Pay 與 Android Pay 都是建立在一個稱為 NFC（近距離無線通訊，Near-Field Communication）[87] 的技術上。藉由 NFC 的技術，兩個裝置（無論是手機、卡片或者是付款終端機）都包含著一個特別的晶片，可以藉由彼此觸碰以交換少量的資訊。[88] 裝置交換資訊是利用無線電波（碰巧跟藍芽一樣都是無線電波）。[89]NFC 僅需要很少的電量：有些「被動式」（passive）晶片裝置不需要任何電力運作。[90]

實際使用 Apple Pay。

資料來源：Wikimedia[86]

　　你的手機裡有一個 NFC 的晶片，Apple Pay 的付款終端機也有一個晶片。當你將手機輕觸終端機，兩個晶片利用無線電波交換資訊。終端機會從你的信用卡當中扣款，然後你就完成購物了。[91]

　　還有另外一個 NFC 的應用例子：就是你有一張卡片，可以用於支付搭乘地下鐵與公車的費用。卡片當中有一個「被動式」的 NFC 晶片，不需要電源就可以運作。你要將卡片碰觸讀卡機，讀卡機本身有一個需要電源的「主動式」（active）晶片，兩張晶片碰觸後就可以彼此溝通。讀卡機將費用從你的帳戶餘額中扣除（餘額紀錄存放於交通營運單位的伺服器上），接著打開門讓你下車。[92]

芝加哥的 NFC 地鐵卡，可以用於支付地鐵車資。

資料來源：Wikimedia[93]

強化安全性

　　Apple Pay 要如何確保交易安全呢？不用擔心，你的手機不是只將你的信用卡號碼送到 Apple Pay 的店家，而是跟信用卡廠商有很密切的合作，以建立極度安全的系統。當你使用 Apple Pay 的時候，信用卡廠商（如 Visa 跟 MasterCard）會產生一組十六個數字的隨機金鑰（token），並且與你的信用卡綁定。接著加密金鑰會傳送到你的手機。當你輕觸付款終端機的時候，你的手機將加密的金鑰送到終端機。終端機再將金鑰送給信用卡廠商，由信用卡廠商認證這組金鑰的確是屬於你，然後才扣款。這種設置很聰明，因為即使駭客取得你的金鑰，也無法以逆向工程解出你的信用卡號碼，只有信用卡廠商可以做到這件事。更進一步地，在 iPhone 上有 Touch ID，蘋果利用這個技術要求你每次付款都需要進行指紋辨識。所以評論者說 Apple Pay 比信用卡「更為安全」。[94]

　　所以，不必驚訝商店急著要使用 Apple Pay，因為這個技術使得駭客無法竊取商店的信用卡資料[95]——例如塔吉特在 2013 年被駭客取得四千萬筆信用卡號碼。[96] 這在 2016 年更顯得重要，因為新的法律要求零售商（而非信用卡發行銀行）要對於使用傳統磁條刷卡技術所造成的財物損失負責。[97] 擁有晶片技術的信用卡也可以幫助零售商避免駭客攻擊，但是發展會比磁條刷卡技術更慢，所以這也顯得 Apple Pay 更有吸引力。[98]

　　Apple Pay 是一個雙贏技術，所以我們可以想像 Apple Pay 與其他以 NFC 技術為基礎的行動付款系統，將會越來越多。

NFC 的其他用途

　　NFC 相當簡單，將你的手機與某物接觸，然後交換金錢或資訊，但這個簡單特性使得它成為一個強大的工具，並且可以應用到許多更為廣泛的地方。

　　第一個例子是，你可以開始在許多地方使用 NFC 付款。舊金山的停車收費器上方有一個 NFC 的貼紙，藉由使用手機輕觸，就可以付停車費用。[99] 芝加哥地鐵也開始接受使用 Apple Pay 付費。[100]

　　更進一步來說，藉由將手機輕觸有 NFC 貼紙的地方，你就可以從當中取得資訊。行銷人員可以將 NFC 貼紙放入廣告傳單中，只要輕觸這些貼紙，就可以取得商品的更多資訊。在法國有些城市，你可以輕觸 NFC 貼紙取得當地的地圖。NFC 也可以幫助零售店銷售，將手機輕觸包裝上的 NFC 貼紙，就可以比價或者是取得折價券。[101]NFC 模糊了實體與數位世界的界線，我們認為使用者會對於 NFC 的應用越來越感到振奮。

<table>
<tr><td>主題
43</td><td></td></tr>
</table>

寶可夢GO是如何運作？

　　2016 年，寶可夢 Go 這款可以讓使用者在現實世界找到虛擬卡通怪獸的手機遊戲，席捲全世界。[102] 寶可夢 Go 最受歡迎的功能是將虛擬世界與實體世界重疊，這個技術稱為擴增實境（augmented reality, AR）。[103] 例如你可以在真實世界的地標上看到寶可夢商店（尋找物品）或者是寶可夢道館（與其他寶可夢戰鬥的地方）。[104] 你也可以在寶可夢的「自然居住地」找到它們：水系的傑尼龜在海邊，而像是蝙蝠的超音蝠則是在夜間出現。[105] 這是由許多人提供場所資訊、手機的內建時間，以及某些地理資料結合，才能達到這個功能，這些資訊的混搭會根據「氣候、植被與土壤或岩石類型」，將不同區域進行分類。[106]

　　這項技術最有趣的地方在於，它會在使用者要捕捉寶可夢的時候，將寶可夢與當時的環境重疊。例如，當你試著要在公園捕捉寶可夢，場景就會到草地上或者是飛濺的噴泉中。[107]

　　你的手機是如何知道要將寶可夢放在哪裡呢？首先，它使用你的相機知道周遭環境是什麼樣子，例如是草地或者是在河邊。寶可夢 Go 使用演算法判斷地面在哪裡，然後將寶可夢繪製在地面上。[108] 接著會使用你的加速度計、羅盤與全球定位系統（global positioning system, GPS），判斷你是否在移動，然後根據你移動的狀況，也同時移動與旋轉寶可夢，使得寶可夢與你的位置正確。[109]

　　寶可夢 Go 的出現，對於擴增實境是相當令人興奮的時刻。在 2016 年，有專家預測 AR 將會在 2020 年成為一個有九百億美元的市場[110]，遊戲開發者尤其感到振奮。[111] 但是現在，先去捕獲所有的寶可夢吧。

主題 44 | 亞馬遜是如何設法做到一個小時到貨？

亞馬遜的 Prime 訂閱服務的額外項目「Prime Now」，可以在美國超過三十個城市，將許多貨物在一小時內送至使用者家門口。[112] 這項方案是從 2017 年開始的。[113] 但是要飛越整個美國需要五個小時[114]——所以亞馬遜是如何做到一個小時內就送達呢？

亞馬遜結合了軟體、機器人與人類來完成這個目標。首先，亞馬遜使用 Prime 訂閱服務的使用者資料，來決定在該區域內的倉庫該存放哪些商品，這可以用來優化遞送速度。[115]

這個行動的中心是亞馬遜的倉庫，亞馬遜將倉庫稱之為出貨中心（fulfillment center）。亞馬遜會在 Prime Now 所服務的區域範圍內，選擇位於主要都市區域的外圍建立出貨中心。例如，有個出貨中心位於紐澤西州的聯合城，就位於紐約市外。[116]

然後在倉庫內部，從燕麥棒到滑板鞋等商品，被堆疊在散落於倉庫地板四周的架子上。然後會有一個像是冰球形狀的扁圓形機器人，去尋找有正確商品的架子，然後會推到一個人類工作人員身邊，由這些稱為「提貨員」（picker）的人將商品從架上取出來。[117]

大部分商店會依據主題將商品排序（例如與早餐有關的商品都在同一個通道上），亞馬遜則是將商品隨機堆放（例如洋芋片就在棋盤遊戲旁邊）。藉由這個方法，所有的物品都不會離機器人特別遠。[118] 而且，人類工作人員也不需要煩惱必須把架子放回原本的位置。[119]

人類工作人員也無法去追蹤物品在哪裡，而是由亞馬遜的巨大資料庫去記錄物品的所在位置。亞馬遜的演算法也控制物品會到哪裡、機器人會走哪個路徑，以及人類工作人員要走的路徑。[120]

亞馬遜宣稱機器人與演算法不再需要花太多時間，可以在幾分鐘內找到顧客的商品。[121]

當商品放入包裝袋內後，亞馬遜就會交給「信差」（courier）團隊，他們會用各種交通工具——如地下鐵、汽車、自行車，或者雙腿——在時間到之前，將商品交給顧客。[122]

這個案例可以讓我們看到工作場所的未來樣貌，就是人類跟機器人一起工作。機器人可以尋找與移動物品，而且速度比人類還要快，特別是機器人可以藉由演算法縮短移動時間。但是人類有獨特的敏捷手指，可以從架上抓取商品，然後掃描商品，並且裝袋。[123]

這個未來的工作場所樣貌，對於工作職位有什麼影響呢？這有一點自我矛盾。電子商務正在減少數以千計的零售商的工作職位，但亞馬遜的機器人與演算法形成了快速的出貨中心，最後**創造**工作。[124] 這種自相矛盾的狀況，最好的例子是在伊利諾州的「鏽帶」（Rust Belt，指那些曾經工業蓬勃、但如今經濟困難的地區）城市喬利埃特（Joliet），曾經因為科技與自動化而導致數以千計的工作消失，但是在亞馬遜於 2016 年在此設置出貨中心之後，又帶來兩千個工作機會。[125]

所以假如你急需某件商品，並且仰賴 Prime Now，請一定要謝謝這些人——與機器人——他們使一小時內送貨成真。這是有趣的合作。

主題 45 亞馬遜如何能將商品在半小時內送達？

覺得一個小時將商品送達已經很令人印象深刻了嗎？亞馬遜不僅僅要做到如此而已，他們還要利用無人機，在半小時內將商品送到顧客手上。但這要如何達成呢？

　　亞馬遜將這個服務稱為 Amazon Prime Air，商品包裝過程跟一個小時送達一樣，只是要用無人機——或者是如亞馬遜所稱的「無人航空載具」（unmanned aerial vehicles）[126]。

　　在倉庫，亞馬遜將會把包裹綁在無人機上。無人機會飛到收件者的住家，利用降落傘放下包裹，或者是降落到有做標記的地方，整個過程完全沒有任何人為的操作。[127]

一架亞馬遜的無人機正在遞送包裹。
資料來源：亞馬遜[128]

　　所以，這個服務很快就會出現了嗎？我們希望如此，亞馬遜還需要教會無人機如何處理惡劣天氣，以及避開建築物與其他無人機。[129] 還有另外一個問題，這些無人機的出貨中心只有在美國的二十四個州，大部分都是在海岸線旁。[130]

但最大的問題是法規，美國聯邦航空總署（Federal Aviation Administration, FAA）的法規對於亞馬遜來說是芒刺在背。當中的一個法規是無人機不能在機場內的五英里內飛行，這讓整個紐約市都幾乎無法使用這個服務。[131] 另外一個在 2015 年發布的政策則說，無人機不能飛離開操作者的視線，這就阻擋了無人機自動飛行的可能性。[132] 亞馬遜試圖遊說美國聯邦航空總署放寬法規，而美國聯邦航空總署在 2016 年取消了無人機不能飛離開操作者視線的規定 [133] ——很大一部分的原因可能就出於亞馬遜施壓。（看到科技公司對於政策制定者有這麼大的影響，讓人感到非常震驚。）

然而，美國聯邦航空總署仍然讓亞馬遜受挫。亞馬遜感到很困擾，事實上，他們在離美國邊境二千英尺的加拿大境內，設置了無人機的測試中心。[134] 並且因為美國聯邦航空總署沒有提供幫助，亞馬遜在英國境內進行了很多無人機的測試。[135] 事實上，亞馬遜第一個成功的無人機送貨服務，是在 2016 年 12 月的英格蘭的劍橋郡。[136]

亞馬遜的遞送直升機特寫照片。

資料來源：亞馬遜 [137]

　　想想送貨的無人機在空中發出噪音飛來飛去，似乎有些奇怪，但是在亞馬遜的願景中，這在未來是日常的畫面。[138] 最後，無人機似乎就會像是 FedEx 與 UPS 的卡車一樣普遍。

　　結論是，讓我們先回想一下，就可以獲得一些想法。想像一下假如你回到五十年以前，跟人們說你有一個手持電腦（例如手機），可以藉由無線網路與電腦購買商品，然後將商品會由有翅膀的機器人飛來送達。他們會覺得你瘋了，但是如同你現在所知道的，這是真實發生的，是多麼使人興奮的事情啊。

第9章
商業動機

二十一世紀最沒被料想到的事情是科技宰制了商業界。蘋果、亞馬遜、臉書、微軟與谷歌的母公司 Alphabet 常常居於世界最有價值公司的前幾名。[1]

但是有個很棒的應用程式還不夠，新創公司的墳場充斥著許多擁有受歡迎的應用程式、但是不了解基礎商業原則的新創公司的骸骨──看看最近的 MoviePass，他們提供一個月十美元的無限電影看到飽，但是因為商業模式不良，而在 2018 年消失。[2]

同時，傳統的非科技公司，從超級市場、[3] 銀行 [4] 到餐廳，[5] 為了避免落於人後，開始開發自己的應用程式。如同 salesforce 的共同創辦人帕克·哈里斯（Parker Harris）所說：「所有的商業領袖都需要是科技專家……每家企業都需要成為一個應用程式公司。」[6]

所以科技公司是如何達成他們目前的成就？而非科技公司是如何適應數位時代？讓我們深入來看看。

主題 46 為什麼Nordstrom提供免費無線網路？

你可能已經習慣在咖啡廳，如星巴克，有免費的無線網路，他們從 2010 年開始提供這項服務。[7] 這很合理──因為很多人習慣在星巴克工作。在 2012 年，零售商 Nordstrom 在店內開始提供免費的無線網路，[8] 而其他零

售商家得寶，甚至是 Family Dollar 也開始提供這項服務，[9] 但是為什麼呢？沒有人會到 Nordstrom 發電子郵件。（如果你會這麼做，我們沒有任何偏見。）所以這些商店提供免費無線網路只是因為良好的服務嗎？最後發現，提供免費的無線網路幫助 Nordstrom 提升了相當多的利潤。要了解這一點，我們先分析一下無線網路如何運作。當你在手機打開無線網路，你的手機會發送無線電波訊號以尋找附近的無線基地台（也稱為路由器），路由器是有天線的盒子，你家裡可能也有一個，[10] 無線基地台可以讓你的手機連上網際網路。手機所發送的無線電波包含一個稱為 MAC 位址的獨一無二的代碼，這個代碼是嵌入在你的手機內的。[11] 所以當你連到一個無線基地台的時候，無線基地台的擁有者可以看到你的 MAC 位址，[12] 如果他們將這些號碼記錄在檔案裡，就可以知道你是否又連上了。

一個無線基地台，也稱為無線路由器。
資料來源：Wikimedia[13]

在 2012 年，像是 Nordstrom 這樣的零售商就了解自己可以追蹤消費者

會連上哪個無線基地台，藉由這個資訊，可以知道消費者的位置。[14] 但是要如何做呢？秘密武器是一個稱為三角定位（triangulation）的技術，這也跟GPS定位你的位置的方法一樣。[15] 三角定位的方法是當你連到三個無線基地台，每個無線基地台都會知道你的 MAC 位址，並且注意到這個 MAC 位址跟連到其他台的無線基地台的代碼一樣，就知道這個 MAC 位址就是你。接著每個無線基地台就會藉由電波強弱來測量手機與無線基地台之間的距離。當電波訊號越弱，就代表距離越遠。[16] 接著會有軟體以無線基地台為中心，畫出一個圓，半徑就是你跟無線基地台的距離。三個圓會在一個點上彼此重疊，也就是你一定會在的地方——所以，那個軟體就透過這樣的三角定位知道你的所在位置。公司的負責人表示，藉由三角定位方法，可以知道在十英尺內的人的所在位置。[17]

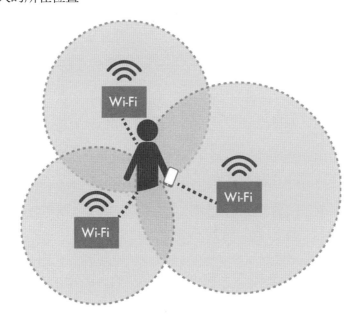

無線基地台的三角定位方法，可以讓無線網路的擁有者知道消費者的位置。

資料來源：Skyhook[18]

　　藉由三角定位技術，像是 Nordstrom 這樣的商家可以監測消費者在店內的位置與移動。[19] 這非常有用。例如，如果發現大部分消費者都直接經過帽子部門，而到女裝部門，他們就知道要減少帽子的庫存，並且增加女裝的庫存量。[20] 他們也可以知道哪些天與時間最忙碌，就可以調整銷售人員與收銀員數量。有家公司甚至讓零售商測量有哪些人站在店前，然後走入店內──這可以幫助商家了解哪一個展示櫥窗最有吸引力。[21] 整套方法可以產生高度獲利。[22]

　　所以為什麼像是 Nordstrom 這類公司會開始提供免費的無線網路？提供無線網路可以幫消費者打開手機的無線網路連線，然後手機就能開始將無線電波傳送到無線基地台。商店就可以利用三角定位法，追蹤消費者的移動方向。接著就如我們所看到的，會帶來大量利潤。

挖掘更多資料

　　當 Nordstrom 開始使用無線網路三角定位軟體，就宣稱所有的資料都是匿名的，所以不會有什麼問題。他們會知道你的手機的 MAC 位址，但這樣不會知道你是誰。[23]（想一下，你知道你手機的 MAC 位址嗎？）

　　但是零售商有聰明的方法可以藉由 MAC 位址知道你的身分。例如，商店可以要求你在使用他們的無線網路之前，必須用你的電子郵件登入，如此一來，就能將你的電子郵件與 MAC 位址綁定。然後，商店就可以將你在店內的活動與你的線上活動連結。例如，假如你正在 macys.com 瀏覽圍巾商品，理論上，當你走進梅西百貨時，就會收到圍巾的折價券。[24]

　　商店在結合監視器的影像後，可以讓他們的資料更有用。據說有些新型監視器可以猜出你的年紀、性別與種族。[25] 也可以辨識你正在看哪件商品，以及整個觀看過程花費多少時間。[26] 這些資訊結合店內活動資訊，與線上購買資料，對店主而言是很有用的資訊。

最後，商店可以在你看完商品後、準備離開時，推播定向廣告的折價券給你。[27] 這個方法只有連上店內無線網路才有用——這就是他們要提供免費無線網路的另外一個理由。

愛恨交織

藉由無線網路與監視器追蹤顧客行動，對於零售商來說可以帶來相當的利潤。尤其是困擾於顧客先逛店後網購的問題的商家，[28] 可以藉由這個追蹤方法來收集更多資料，藉以調整他們的銷售方式。但是對於顧客來說是好事嗎？從正面的角度來看，商店可以提供顧客更好的銷售體驗，例如減少乏人問津的商品，以及確保每個樓層有足夠店員。[29] 如果商店知道你是常客，也可以提供會員方案，這對於顧客而言也是有幫助的。而定向廣告的折價券，也可以幫助顧客以較低折扣購買想要的商品。[30] 但是比較負面的部分是關於隱私權。商店所可以收集到的資訊量，令人感到相當震驚。他們可以追蹤你的每一個移動，從你的購物習慣到外觀。[31] 最糟的部分是在 Nordstrom 的例子中，他們不會跟消費者說明正在追蹤消費者——而當人們發覺時會感到非常不快。[32] 為了解決這些問題，Nordstrom 提供顧客不被追蹤的方法。但是評論者抱怨這僅僅是選擇**離開**，而不是選擇**加入**的方案，也就是如果消費者不知道自己被追蹤，他們就無法不被追蹤。[33]

假如你不喜歡被監視，我們有壞消息——這件事是很難被停止的。研究者發現有些手機即使在無線網路關閉的狀況下還是會掃描無線網路，這代表你必須關閉手機才能停止被追蹤。但是有些手機即使是在關機狀態，仍然會掃描無線網路，這時就必須將電池取出（或者是用錘子砸碎），才能停止它送出無線電波。但即使是這樣，仍然無法避免被監視器追蹤。[34]

商家對於以上的情形有所回應，他們表示無線網路追蹤並沒有比線上購物更糟，因為在線上購物的時候，像是亞馬遜之類的電商可以追蹤你每一個

點擊。[35] 但隱私權維護者可能會說追蹤某人的實際移動比追蹤點擊更令人毛骨悚然。

　　所以這件事是有很多不同看法。但無論如何，你必須承認 Nordstrom 的免費無線網路是個聰明的商業策略。

主題 47　為什麼即使虧錢，亞馬遜也要提供Prime 會員免運費服務？

　　從 2004 年開始，只要訂閱亞馬遜的 Prime 服務，就可以獲得數百萬件商品、在兩天內送貨到府的免費寄送服務。[36] 訂閱年費一年一百一十九美元。[37] 這是一個龐大的方案：全美國有三分之二的家庭都使用 Prime。[38]

　　然而，全球的快速與免費的貨物運送並不便宜。亞馬遜在這個方案中，一年損失八十億美元。[39] 假如 Prime 使亞馬遜損失很多錢，為什麼還要提供這個方案呢？

亞馬遜的策略

　　在我們探究原因之前先說明，亞馬遜傾向重視增加整體營收而非增加利潤。這是因為他們持續將收入再投資到公司發展上，而不是將其發給股東。[40] 這個策略幫助亞馬遜盡可能快速增長生意規模，使長期成長最大化。[41] 一般來說，零售商是個低利潤的生意。[42]

　　換句話說，亞馬遜刻意取得相當低的利潤。例如，在 2016 年，亞馬遜的總營收是一千三百六十億美元，但是只獲利二十四億。[43] 這實際上比前一年的獲利要高，前一年的獲利幾乎是零。在 2012 年，亞馬遜虧損三千九百萬美元[44]，儘管賣了六百一十億美元的商品。[45]

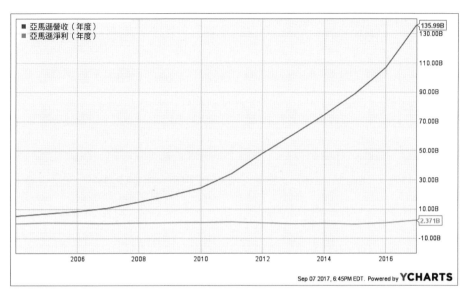

亞馬遜的營收（上方的線）成長驚人，但是他們刻意將獲利（或者是「淨利」），下方的線）維持得很低。

資料來源：YCharts[46]

Prime 服務如何賺錢

所以，亞馬遜可能是希望透過 Prime 來增加收入。底下會介紹 Prime 如何幫亞馬遜獲得更多營收。

第一點，Prime 是一個很強大的會員方案，可以使顧客在亞馬遜花越來越多錢。Prime 的一億個會員幾乎比非會員在亞馬遜花了兩倍的錢。[47] 部分的原因可能是因為越願意花錢的人，越有可能加入這個方案。然而，還有其他理由說明人們加入 Prime，結果花了更多錢。當中的一個理由是，兩天內送貨到府的方案讓人們可以享受立即購物的快感（至少比一般運送時間快），這也使得「沒有計畫」的衝動購物發生。[48] 第二個理由是當人們付出一年一百一十九美元的 Prime 費用，覺得應該要購買更多東西（來使用免運費的方案），才能有回本的感覺。[49] 資料似乎也證實這個理論：一項研究發

現會員方案增加了 20% 的銷售。[50]

　　第二點，Prime 的會員大部分都是在亞馬遜上購物。即使相同的物品在其他地方比較便宜，很多 Prime 的會員都預計到亞馬遜購物，也許是因為習慣了。[51] 另外，免費的兩天內送貨到府的確是亞馬遜的強大優勢，所以即使 Prime 會員原本是在其他網站上看到某項商品，最後還是會在亞馬遜上購買。[52] 有一項調查數字很令人驚嘆：Prime 會員比起非 Prime 會員而言，他們會同時看 Walmart.com 的次數是少於十二倍的。[53] 換句話說，Prime 會員更為忠誠。

　　第三點，亞馬遜開始一項與對手競爭到底的競賽，而這傷害了他們的競爭對手。Prime 使得顧客期待線上購物都能在兩天內就送到手上，[54] 所以亞馬遜的競爭者為了維持競爭力，就只能也提供免費的兩天送貨到府。這有很多例子，如塔吉特在 2014 年的假期間就提供了免運費服務。[55] 在 2017 年，沃爾瑪開始提供購物超過三十五美元的顧客，免費的兩天送貨到府服務。[56] 而在 2010 年，一個包含了玩具反斗城與邦諾書店的合作聯盟，甚至推出了模仿 Prime 的服務，稱為 ShopRunner，有跟 Prime 同樣的福利（只要在這個聯盟的任何一家公司內購買商品，就享有免費的兩天送貨到府）以及跟 Prime 一樣的購物點數。[57] 對消費者而言，兩天送貨到府是非常好的服務，但這也等於對沒有足夠資金或者是基礎設施以進行同樣快速寄送的零售商，判了死刑。[58]

持續成長的 Prime

　　很清楚的，亞馬遜希望更多的人加入 Prime，所以亞馬遜持續將許多功能塞進 Prime 的行為，也不會令人感到驚訝。近來，Prime 不只有免運費服務，還有免費電影、大量的免費 Kindle 電子書，以及音樂串流。[59]Prime 持續成長，甚至跨足線下市場：當亞馬遜在 2017 年買下全食超市（Whole

Foods），[60]Prime 的會員可以在全食超市享有 10% 的折扣，以及其他福利。[61]

即使 Prime 看起來像是個賠本生意，但是對亞馬遜來說是個寶庫。彭博社甚至稱它為「如果不從一般的零售業角度來看，它就是在所有電子商務中，最巧妙與有效的會員方案」。[62]

<table>
<tr><td>主題
48</td><td>為什麼優步需要自駕車？</td></tr>
</table>

2015 年，優步從卡內基美隆大學挖角一整個機器人學的團隊，[63] 並且在匹茲堡設立一個辦公室，專門致力於自駕車開發。[64] 前優步的執行長崔維斯・卡蘭尼克（Travis Kalanick）說公司內「基本上存在」開發自動汽車的團隊。[65] 為什麼優步需要自駕車呢？

成長的陷阱

我們首先要知道的是，優步的財務狀況並沒有很好，一年虧損十億美元。一個最大的理由是因為他們一直堅持公司成長比獲利重要。[66] 這些年來，他們拚命提供比 Lyft 更低的價錢，這也導致了他們給出很具侵略性的折扣[67]──也因為太具有侵略性，所以事實上，優步在大部分的乘車服務中都虧錢。[68]

同時，優步持續投資昂貴的公司成長領域，如食物外送與電動機車──這對於增加收入是非常有幫助，但是對於保持低成本卻相當不利。[69] 他們同時也虧損大量的金錢於中國[70]、俄羅斯[71]與印尼[72]的擴張。

簡而言之，優步以成長為導向的策略，使得他們很難獲利，所以他們要找到一個能從根本降低成本的方式，才能將公司轉虧為盈。那麼優步該如何做呢？

駕駛車輛的問題

優步的其他問題是司機。司機的留存率很低──只有 4% 的司機在一年後仍然留在優步[73]──這代表優步要提供相當多的津貼與激勵獎金，以確保司機持續待在優步。[74] 結果是，優步從每趟旅程只保留 20% 的獲利，[75] 其他都要付給司機。

所以，優步處於左右為難的狀況：必須降價以保持足夠的乘客選擇搭乘優步，同時也必須付更多的錢給駕駛，以確保優步有夠多的駕駛。沒有乘客，司機就不需開車；沒有司機，就沒有乘客。換句話說，優步是一個雙邊市場──它必須同時滿足乘客與司機──所以為了同時迎合兩邊，它必須降低獲利以滿足雙方。[76]

自駕車的解決方案

你現在可以理解自駕車為什麼對優步有吸引力了，我們想有三個主要的理由驅使優步投資大量的金錢在自駕車上。

第一點，優步可以不需要付錢給人類駕駛，這使得優步可以在每一次的載客付出較少的錢，也不需要擔心司機的留存率（機器自駕車不會離職）。當然，優步需要付油費與車輛維護費（這個目前是由司機負責），不過這比要付錢給人類司機而言，節省許多。[77] 有一項研究顯示，自駕車隊的費用僅為一般正常的計程車隊的十分之一──這的確可以幫助優步走向獲利。[78]

第二點，乘客有強烈的理由選擇自駕車。自駕車對於消費者而言將會相當便宜，[79] 並且根據一位專家的說法，自駕車可以降低 90% 的車禍發生率。[80] 所以優步提供自駕車服務，就會吸引更多顧客，增加使用者人數。

第三點，為了保持競爭力，優步知道他必須早在其他競爭者之前，提供自駕車服務。[81] 有很多公司參與自駕車研發：谷歌的自駕車計畫 Waymo 已經開始跟 Lyft 合作，[82] 而福特投入十億美元成立一家叫作 Argo AI 的自駕車

新創公司，同時特斯拉也開始生產自駕車所需要的硬體。[83] 每家公司都想成為頭一個主宰自駕車市場的公司，[84] 因為自駕車的營運很便宜，第一個能成為自駕車主流的公司將會擁有相當大的優勢，[85] 而贏家也可以藉由授權自駕車軟體給競爭對手而獲利。[86] 換句話說，優步將會製造自己的自駕車，而不是購買對手的方案。

 ## 為什麼微軟要收購領英？

2016 年，微軟用驚人的二百六十二億美元買下了職業社交網路領英——是微軟直到今日最大的購併案，並且也是史上第三大的科技購併案。[87] 為什麼擁有視窗作業系統與 Offce 等生產力工具軟體的公司，會花這麼多錢買下社交網路公司呢？

擁有企業

微軟傳統的生財工具，視窗作業系統與裝置，營收一直持續在走下坡。[88] 個人電腦的銷售量與 Surface 平板從 2016 年到 2017 年萎縮了 26%。[89] 微軟始終無法在大量的行動裝置市場佔有一席之地，視窗手機是一個相當大的挫敗。[90]

然而，微軟知道他們的未來（以及現在）是在企業軟體，或者是為商業目的而建的工具。Azure 與 Office 365 是他們獲利最高與成長最快的部分。[91] 這個轉變正好應驗了微軟的執行長薩蒂亞‧納德拉（Satya Nadella）在 2015 年所揭示的新任務：「使地球上的每一個人與每一個組織可以做更多的事情。」（這很顯然與比爾‧蓋茲的舊任務是使「每一個家庭桌上都有一台電腦」相差甚遠）。[92]

　　購併領英對微軟而言相當重要，因為這穩固了公司在企業界的領導地位。[93] 我們認為這次的購併以三個方式幫助鞏固了微軟在企業界的主宰地位。

　　第一點，購併領英幫助微軟成為商業人士世界的中心，就像是臉書與 Instagram 的平台也許是你的線上生活中心。[94] 利用 PowerPoint 製作簡報？你正在使用微軟的產品。在會議中，使用視窗作業系統的筆記型電腦？同樣的，你也是在使用微軟的產品。尋找可能的客戶或者是員工？你也許是使用領英，但現在這也是微軟的產品了。

　　因為許多商業人士的工作相關的生活——如電子郵件、文件、職業檔案，以及等等——都是使用微軟的產品，微軟認為這是會使領英成為你主要職業「真實的消息來源」（source of truth）。[95]

到處都是
個人職業的簡介

現今，沒有一份個人職業簡介是來自一個事實的來源，資料散落在許多端點，而且通常資訊已過期或是不完整。在未來，個人職業簡介將被統整，且正確的資料將在正確的時間呈現在應用程式中，無論是 Outlook、Skype、Office 或其他地方。

成長的機會
LinkedIn Membership & MAU
Office 365 MAU

藉由領英，微軟想成為人們職業生活的中心。

資料來源：微軟 SEC filing[96]

　　第二點，藉由取得領英的四億三千三百萬名使用者，[97] 微軟取得相當龐大的資料來源——他們將之稱為「社交圖譜」（social graph）[98] ——這可以改善微軟現在既有的企業方案。微軟可以將領英的資料與檔案，結合他們的工具，如 Office 應用程式。例如，你的 Outlook 行事曆可以顯示你下一個要開會的對象的領英個人檔案，而 Cortana（Siri 或者是 Alexa 的微軟版本）可以提供你如何讓對方印象深刻的建議。使用微軟的顧客關係管理工具 Dynamics CRM 的業務人員，也可以取得潛在客戶的領英檔案，好知道如何介紹產品給這些潛在客戶。或者 Office 365 可以分析在領英上的公司組織圖，查看公司需要增加哪些人才。[99] 藉由這些獨家資訊，微軟可以提供不一樣的軟體功能，與其他對手做出區隔，如 salesforce（與微軟的 Dynamics 競爭的顧客關係管理系統），[100] 或者是谷歌的 G Suite，是提供企業用的谷歌硬碟與 Gmail。[101]

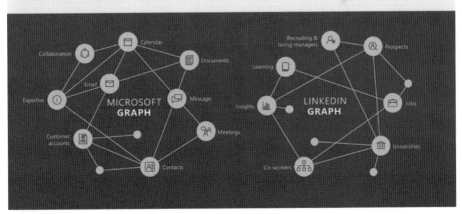

微軟想要結合他們既有的商業工作者的資料，如電子郵件與行事曆，與領英的資料，如員工與同事的關係，以及過去工作的列表。他們將結合後的資料集稱為「經濟圖譜」（Economic Graph）。

資料來源：微軟 SEC filing[102]

　　第三個理由是防衛：微軟想要保有領英有價值的資料與龐大的使用者，避免被其他商業界的競爭者奪走。salesforce 曾經提供領英一大筆的股票，想要購併領英，但是微軟則是以現金支付（通常來說，現金比股票吸引人），與更多的潛在綜效，可以幫助領英成長。[103] 藉由結合如 Dynamics CRM 與領英的資料寶庫，微軟突然間可以與 salesforce 在 CRM 方案領域一較高下。[104]（如果 salesforce 購併領英，微軟會處在更不利的位置。）

金錢與人才

　　就如同我們看到的，購併領英幫微軟穩固他們在商業市場的位置。此外，有兩項因素始終影響購併：金錢與人才。

　　在金錢方面，在被微軟購併前，領英一年只有很少的獲利（七百一十萬美元），[105] 所以他們始終歡迎可以增加獲利的方案。領英有不錯的獲利可能性，因為他們有很好的多元收入來源，如高階會員訂閱服務、廣告與徵人軟體工具。[106] 更進一步來說，領英在被購併後，持續快速成長，在十個月內增加了七千萬名使用者（大約為 15%），[107] 這對於微軟來說是未來會持續獲利的徵兆。

　　人才也是極端重要的，領英的負責人里德 ‧ 霍夫曼（Reid Hoffman）也創辦過 PayPal，並且在新創公司持續工作超過二十年，是在矽谷人脈極廣與受歡迎的人。[108] 當霍夫曼加入微軟團隊，他說他將會幫助微軟在矽谷加強社群連結[109]——這對微軟很重要，因為他們在矽谷多年來都不受歡迎。[110]

　　所以總結為什麼微軟要購併領英，這有很多因素，但是背後的主軸都是幫助微軟維持在商業領域的重要地位，並且避免競爭對手取得領英有價值的商業利益與資料。

主題 50 為什麼臉書要買下Instagram？

2012 年，臉書買下了熱門的照片分享社交平台 Instagram，為此花了十億美元，[111] 為什麼臉書要花這麼多錢購併呢？[112]

這可能可以用六個字來總結：**行動裝置照片**（mobile photos）。

第一點，行動裝置。臉書一開始是一間為桌上型電腦網頁瀏覽器設計的公司，但是在 2012 年，他們開始了解行動裝置是未來的主流。[113] 隨著 2012 年來到，臉書一半的使用者都是利用行動裝置登入，臉書還不知道如何靠行動裝置來獲利，而他們的手機應用程式與手機網頁被批評為雜亂無章，並且頁面載入時間過長。[114] 臉書宣示要成為一家行動裝置公司，但是他們不確定該如何做。[115]

第二點，當手機越來越普遍的時候，拍照與分享照片變得越來越容易，分享照片是社交媒體的下一件大事。[116] 臉書是在以文字為更新狀態為主的時代所創立的，而它的呈現方式也的確如此。[117]

Instagram 是一家專注於行動裝置上的照片的新社交網絡，一開始就很熱門，安卓版本應用程式在上架的第一天就有一百萬個使用者。[118] 相較於臉書，行動裝置使用者比較偏好 Instagram 的照片分享體驗，因為 Instagram 介面更清楚，並且是以照片為整個應用程式的中心，此外還有濾鏡。[119] 臉書承認在行動裝置照片被 Instagram 擊敗，[120] 並且擔心 Instagram 成為使用者與世界分享照片的主要方式。[121]

所以臉書趕緊要以十億美元買下 Instagram，即使臉書的應用程式沒能主宰行動裝置照片的未來，但 Instagram 可以幫助臉書達成這一點。[122] 這時谷歌[123] 與推特[124] 也想購買 Instagram 的傳聞已隨之擴散，這也難怪臉書如此堅決要買下 Instagram。

持續的勝仗

回到 2012 年，評論者不確定購併 Instagram 是否是聰明的選擇，有些人將它稱為「網路泡沫」的徵兆。[125]

但是一開始，Instagram 就始終證實自己是個值得購併的對象。它持續成長，在 2012 年達到三千萬個使用者，而在 2018 年則超過十億個使用者。[126]更值得注意的是，臉書成功將定向廣告帶到 Instagram，而 Instagram 本來沒有獲利的商業策略，如今 Instagram 一年可以賺進八十億美元。[127]

到 2016 年的時候，Instagram 也幫助臉書對抗 Snapchat 的威脅，特別是對於青少年。[128] 但是在 2017 年，Instagram 抄襲了 Snapchat 最有名的功能——Stories，[129] 這也嚴重打擊了 Snapchat，使得他們的成長趨緩將近 82%。[130]Instagram 證明了為什麼它對於臉書如此重要。

所以，也難怪《時代雜誌》將 Instagram 稱為「最明智的購併之一」。[131]

主題 51　為什麼臉書要收購WhatsApp？

2014 年，臉書以一百九十億美元購併極受歡迎的即時通訊軟體 WhatsApp，掀起大波瀾——等於是以一個人四十二元美元的價格，購買了 WhatsApp 的四億五千萬個使用者，[132] 而且這比臉書購買 Instagram 的價格要高出許多。但是為什麼臉書要購買一家很多美國人沒聽過的公司，[133] 特別是臉書已經有了類似功能的 Messenger 應用程式？

第一個理由就是因為很多美國人沒有聽過 WhatsApp，WhatsApp 與臉書的 Messenger 很像，都可以透過網際網路，即時傳遞文字訊息。[134] 但是 WhatsApp 流行的市場，正是臉書的 Messenger 較少人使用的領域，[135] 特別

是開發中國家，如巴西、印尼，以及南非。[136]（有趣的是，在主要市場中，中國因為禁止使用 WhatsApp，所以 WhatsApp 沒有進入。[137] 而在美國則是因為電信商提供的簡訊服務，遠比透過網路傳遞訊息便宜。[138]）

藉由購併 WhatsApp，臉書做了一個很聰明的防衛動作。WhatsApp 熱門的國家較少人使用臉書，所以購買 WhatsApp 增加了臉書的國際能見度。[139] 換句話說，WhatsApp 不再是競爭對手，而是屬於臉書的一部分！[140]

第二個理由是資料。WhatsApp 可以提供臉書數以億計的使用者的個人資料──特別是開發中國家──這將會幫助臉書改善他們的定向廣告與服務。[141] 當然，臉書就是藉由定向廣告來賺取利潤。[142]

第三個理由是照片，這聽起來就如在 Instagram 中的例子一樣。主宰照片世界是臉書的核心目標之一，[143] 這也是為什麼它原本擔心 WhatsApp 是競爭對手。WhatsApp 的使用者，在 2014 年一天內就送出五億張照片，這遠比臉書與 Instagram 加起來的總合要多。[144] 買下 WhatsApp，是臉書重新贏回主宰照片世界的聰明策略。

許多權威人士也提出不同的理由，[145] 但是我們最後要提的理由是主宰行動世界。行動裝置對於臉書而言相當重要，因為臉書高達 91% 的營收來自於行動裝置。[146] 所以沒有自己的行動裝置作業系統（不同於競爭對手蘋果與谷歌），臉書明白它需要控制盡可能多的熱門應用程式。[147] 所以他們想要 WhatsApp 是很合理的，WhatsApp 在安卓與 iOS 上一直很受歡迎。[148]

簡而言之，購買 WhatsApp 填補了臉書的幾個最大空缺：開發中國家、資料、行動裝置，與照片。這是很昂貴、但是精明的一步──Business Insider 網站甚至稱讚這是臉書最聰明的購併案。[149]

| 第 **10** 章 |
新興市場

本書到目前，都聚焦於西方國家的科技發展。現在，我們將觸及與探索西方科技國家如何試圖擴張到世界的其他地方，以及從新興市場來的科技公司，如何爆炸性地發展並站上世界舞台。

主題 52　哪個國家是西方科技國家最想擴張的對象？

2018 年，臉書宣布他們在美國與加拿大的成長已經停止了，事實上，在歐洲也開始縮減了。[1] 取而代之的，臉書的成長是來自於發展中國家，[2] 主要是來自於印度、印尼與菲律賓。[3]

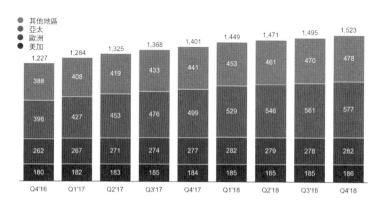

世界上臉書的每日活躍使用者統計表。臉書在美國、加拿大與歐洲（底部的數字）在 2018 年開始就停止成長了。

資料來源：臉書[4]

不只是臉書——大部分主要的西方科技公司也發現西方市場已經飽和了，沒有成長空間。[5] 所以不需要感到驚訝，除了臉書外，其他科技巨人如谷歌、[6] 亞馬遜[7] 與優步[8] 都在開發中國家大量投資。但是有這麼多開發中國家，哪一個是成熟到西方科技公司想要打入的市場呢？

我們認為在開發中國家的五個關鍵區域——中國、印度、東南亞（也縮寫為 SEA 或者是 ASEAN）、拉丁美洲（LatAm）與非洲——是處於不同的階段。我們將他們依照西方科技公司進入的「太晚」與「太早」進行排列：

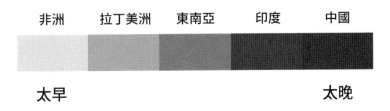

這張圖是我們所製作各個不同區域的開發中國家，根據其對於西方科技公司而言，進入該市場的成熟度高低排列。中國是屬於太晚，而非洲則是屬於太早，其餘則是介於上述兩個區域之間。

接著讓我們依序對每個區域進行解釋，以說明如此排序的原因。

中國：與世界隔離

西方科技公司一直以來都想進入中國市場，因為中國有著爆炸性成長的經濟，以及遠比其他國家要來得多的網際網路使用者。[9] 但是西方軟體公司還沒有在中國成功過。這是因為中國的網路長城，即由中國政府控管的網際網路資訊的進出有許多限制。大多數的西方網站，包括了谷歌、臉書、YouTube 與維基百科，都被中國政府封鎖，使這些網站無法獲取中國的使用者。[10]

西方軟體公司嘗試與中國政府達成協議以穿越網路長城，但是幾乎未能

取得任何成果。儘管馬克‧祖克柏（Mark Zuckerberg）多年來不斷的嘗試，但是臉書仍然被中國封鎖[11]；谷歌曾經兩次想嘗試將他們的中文搜尋引擎提供給中國使用者，但是最終都失敗了[12]；優步曾想進軍中國，但是發現代價太昂貴了，所以將其賣給在中國的競爭對手滴滴出行。[13] 更有甚者，中國政府要求科技公司交出使用者資料，[14] 而這也阻擋了臉書[15] 與谷歌[16] 進軍中國的企圖。

　　還有一個重大因素阻擋西方科技國家在中國發展，那就是在中國政府的網路長城的保護下，中國自己土生土長的科技公司大量成長。[17] 而這些公司也表現得相當好：在 2018 年的時候，全世界前二十大的科技公司中，中國就佔了九個，僅次於美國的十一個。[18]

　　這些公司很多就好像是美國科技公司的倒影，中國的電子商務巨人阿里巴巴，就如同是中國的亞馬遜。[19] 騰訊是世界最大的遊戲公司，[20] 同時也開發出相當強大的社交媒體應用程式微信，[21] 它就如同是臉書。如同谷歌主宰除了中國以外區域的搜尋引擎市場，百度則是獨佔了中國的相同市場。[22] 將土生土長的科技公司與外國科技公司隔離開來，在中國看起來是帶來相當好的效果，所以他們也許會繼續保持這樣的方式。

　　然而，硬體則是另外一個故事。蘋果公司在中國相當成功，iPhone 在中國的銷售量大於美國。[23] 蘋果公司在中國的業務不是沒有遭遇挑戰，iPhone 面臨新興的中國手機小米的競爭，[24] 而美國與中國的政治緊張關係也影響到 iPhone 的銷售量。[25]

　　有趣的是，即使臉書被中國封鎖，他們仍然設法從中國賺到錢：臉書有十分之一的收入來自中國。[26] 這是因為中國的公司積極在臉書上，針對國際顧客打廣告，一年就花了幾十億美元的廣告費用。[27]

　　所以有些公司仍然設法發展在中國的業務，而網際網路公司也幾乎並且會持續下去——即使無法在中國開發新的使用者。

印度：大獎

當西方科技公司在中國遭到諸多阻力，他們同時也對世界上最大的民主政體垂涎三尺。

印度人喜歡智慧型手機：在印度的智慧型手機使用者，比美國的總人口數要多，[28] 有超過十億以上的智慧型手機在印度流通。[29]（印度擁有的智慧型手機數量，比他們的廁所還多！[30]）智慧型手機在印度廣受歡迎的原因，是因為大多數的印度人直到 2000 年代手機爆炸性成長之後，才開始接觸到網際網路。也就是印度人略過了個人電腦時代，直接進入到行動裝置時代。[31]

這段沒有被經歷過的轉型期，並沒有影響到印度電信商 Jio 在 2016 年發布極為廉價的數據通信方案，這也使得 Jio 的競爭對手必須將一 GB 的數據流量收費，從平均 4.5 美元，降到十五美分。[32] 這為印度的行動經濟注入了噴射引擎燃料，將一個原本保守的國家轉變為對於 WhatsApp 與 YouTube 有高度狂熱的地區。[33]

不同於中國，印度對於外國公司仍然相當開放，並且也沒有本地的公司可以挑戰西方科技公司。所以西方科技公司在印度投資相當多錢，以贏得印度十多億智慧型手機使用者的心。[34]

臉書從 2009 年開始，針對印度市場，發布了「輕量級」（Lite）的臉書核心應用程式，[35] 而臉書在 2014 年購買 WhatsApp 的主要原因，是因為即時通訊在印度相當受到歡迎。[36] 谷歌在 2017 年 [37] 發布核心搜尋產品的輕量級版本，稱之為谷歌 Go，[38] 並且在同年 [39] 也發布了以印度為主的行動支付應用程式 Tez（現在稱為 Google Pay[40]）。亞馬遜的 Prime 在 2017 年於印度也有爆炸性的成長。[41]

在印度發布新的應用程式，並不只是將西方的應用程式重新包裝，而是必須為了這個市場重新調整。在地化是關鍵重點 [42]——印度有二十九種語言，以及超過一百萬個母語使用者 [43]——所以光只有英文（或甚至是印地

語）是不夠的。其他修改還包括了將輸入文字改為點擊（因為在手機上輸入文字很不方便），減少資料傳輸量，[44] 甚至是文字朗讀（這是為了應付印度較低的識字率）。[45]

谷歌 Go 是以印度為主的產品。它同時也包含了其他網頁應用程式的連結，或許是因為印度人更常使用應用程式（如 WhatsApp），而非搜尋網頁。

資料來源：Mashable[46]

西方科技巨頭在印度驚人的投資，似乎也收到了不錯的成效。臉書的旗艦應用程式在印度有數以百萬計的使用者，比臉書的美國使用者還多，[47] 而谷歌的安卓控制了 70% 的廣大印度手機市場。[48]

東南亞：戰爭正要開打

當在中國與印度的戰爭有比較清楚的輪廓時，東南亞——包括了印尼、泰國與菲律賓——則是每個人都可以投入的新戰場。這個區域有很多跟印度相像的地方：[49] 這個區域是世界第三大的網際網路使用者市場，而且人們一天使用手機的時間（接近四小時）是美國人（只有兩小時）的兩倍。[50]

東南亞正位於中國的後院，所以許多中國的大公司開始在這裡支持當地的新創公司成長。但是這裡對於西方國家仍然夠開放，足以進入這個市場。所以東南亞對於西方與東方科技公司而言，已經成為主要戰場。[51]

西方科技公司測試了一些為東南亞特別製作的應用程式，像是臉書的社交商業與付款平台，[52] 但是都沒有像在印度那樣成功。確實，一些以印度為主的應用程式，如谷歌的 Tez（現在的 Google Pay）付款平台[53] 與安卓 Go，[54] 都有在東南亞開放使用。（一般模式是西方公司先在印度規畫如何處理開發中國家的需求，然後成果就會被帶到其他國家，通常在印度的下一站就是東南亞。[55]）

西方科技公司在東南亞最獨有的機會是在電子商務上，在東南亞並沒有很多實體的零售商店——東南亞一個人所擁有的零售商店空間比美國人少了四十六倍！[56] 當地的電子商務新創公司，像是新加坡的 Lazada，[57] 以及印尼的 Tokopedia[58] 都有不錯的表現，所以西方科技公司也許都會想要模仿他們。

因為東南亞國家的人口比較年輕、經濟還在持續發展、相對穩定的政府，以及理想的開發狀態（不是尚未開發，也不是已被開發完），國際科技巨頭在東南亞如同正上演著一齣「權力遊戲」般的爭鬥。[59] 因為這個區域是由許多擁有不同法律的國家所構成，不像在印度（整個國家都是在相同的法律管理下）會有贏者全拿的現象，所以在東南亞的競爭還是勝負難料。

拉丁美洲：準備上場

進入印度最好的時間已經過去，而進入東南亞最好的時機是現在，至於進入拉丁美洲最好的時機無疑是未來。

西方科技公司還沒有對拉丁美洲涉足太深，但是也已經在他們的視野內一段時間了：例如谷歌的社交平台 Orkut，在 2008[60] 年到 2012[61] 年主宰了巴

西的社交媒體平台。

　　然而，潛在的機會是相當巨大的，這個區域的 GDP 跟中國一樣高，[62] 而且拉丁美洲國家也有很多的網際網路使用者：巴西是全世界網路使用人數第四高的國家，而墨西哥則是第九名。[63]

　　Orkut 的故事提醒我們，社交媒體的市場在這裡很巨大：巴西被稱為「宇宙的社交媒體首都」，[64] 因為 97% 上網的巴西人都在使用社交媒體。[65] 隨著拉丁美洲的年輕人大量使用手機與 4G 網路，[66] 行動社交媒體已經像是主要的趨勢，而安卓 [67] 跟 WhatsApp[68] 已經主宰了這個區域。

　　拉丁美洲最大的問題是他們的網路基礎設施還沒有很完善，這可能會延緩他們未來的發展。[69]

非洲：尚未成熟

　　最後，我們轉到非洲，這個區域對於西方科技公司來說，尚未成熟到可以花更多心力在他們身上。非洲的網路基礎設施也還不夠成熟 [70]——這裡的網路速度比已開發市場還要慢四倍。[71] 而且不令人感到驚訝的，非洲的網路普及率只有世界平均的一半。[72] 手機與數據資費對於一般的非洲人來說仍然是相當昂貴。[73]

　　智慧型手機在非洲還沒有很盛行，但是功能型手機已被廣泛使用。[75]M-Pesa 讓使用者可以透過功能型手機轉帳，在肯亞有超過一千八百萬個使用者，而其國民也才五千萬。[76] 功能型手機的作業系統是 KaiOS，它同時也是印度 Jio 公司所製作的幾款功能型手機的作業系統。Jio 認為非洲仍然有很大的功能型手機成長空間。[77]

網路通訊量預測

IPv6 通訊量在各區域每月有多少 Petabyte，2017 至 2022 年

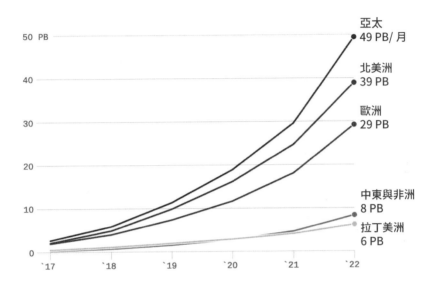

在拉丁美洲與非洲的網路基礎設施仍然沒有很普及，這對於未來的發展有負面影響。

資料來源：Axios[74]

對於西方軟體公司來說，缺乏網路基礎設施使很多事情難以進行。他們對此做出的回應是投資網路連線工程。例如臉書有名的 internet.org 計畫，也被稱為 Free Basics。他們與撒哈拉沙漠以南的電信公司合作，提供免費的網路連線。要注意的是，只有特定幾個網站（如臉書的應用程式）的連線是免費的。

支持者認為這是個很好的做法，可以幫助非洲人民上網。反對者則認為這是一項不公平的策略，因為是幫助臉書擴張市場。[78]（Free Basic 也已經在很多開發中國家運作，看起來毀譽參半：例如印度禁止 Free Basic，因為它違反了網路中立性。[79]）

主題 53　肯亞如何使用功能型手機支付所有東西？

我們剛剛提過非洲的科技並沒有發展得很好，但是在肯亞，你可以藉由功能型手機支付學費、貸款與租金。行動支付在肯亞很普遍，肯亞也被稱為「世界上最使人意外的行動支付領導者」。[80] 但是，這是如何與為什麼會發生呢？

開發中國家的銀行業問題

行動銀行在開發中國家之所以會發生，是因為很多人沒有銀行帳戶。在開發中國家，人民缺乏金融知識，很多人沒有必需的身分證件來開戶，欠缺銀行業的基礎設施，女性也沒有自己管理財務的權利，[81] 一般人也不信任將錢交給銀行。[82]

所以也不需要太訝異，在非洲有二十幾億人，但是在大多數的開發中國家，很多人都沒有銀行帳戶。[83]

在西方，幾十年來，人們都在使用信用卡、簽帳卡與自動提款機。[84] 但要使用這些工具，你都必須要有銀行帳戶，要能夠信任銀行，並且知道銀行業務是如何進行的。沒有這些先決條件，西方的金融系統是無法運作的。

這也就是為什麼在開發中國家，現金在傳統上佔有主導地位。[85] 但是，現金當然也有缺點：它很容易被偷、不容易攜帶，如果你沒有準備數字剛剛好的零錢，交易會很緩慢。如果你被詐騙，也很難將現金取回。

但是現在，手機跟極端新式的付款方式出現了。

M-Pesa

2007 年，功能型手機剛在非洲發行，肯亞的電信公司 Safaricom 提供了

一項轉帳服務，稱為 M-Pesa，可以讓人們藉由發送簡訊轉帳。[86] 這些服務在肯亞極受歡迎：三分之二的肯亞成年人使用 M-Pesa，有四分之一 GNP 的金額都是透過 M-Pesa 交易。[87]

你可以將 M-Pesa 想成是沒有智慧型手機、網際網路連線與銀行帳號的 Venmo。你可以在 Venmo 上，將錢轉入到你的 Venmo 帳號，並且利用應用程式將錢轉給你朋友，也可以將錢轉回你的銀行帳號換成現金。M-Pesa 則是透過 M-Pesa 的服務處（在肯亞有六萬五千家，通常是在加油站或者是街坊商店）將現金存到你的帳號，然後透過簡訊將錢轉給你的朋友，也可以在服務站把錢取出來。[88]

換句話說，M-Pesa 只需要你的手機[89]（甚至不需要智慧型手機——一支功能型手機也可以達到效果）以及一些現金。M-Pesa 則是比在 2009 年開始提供服務的 Venmo 還早問世。[90]

一個在肯亞的 M-Pesa 的服務處，使用者可以在這裡為自己的 M-Pesa 帳號存錢與提款。
資料來源：WorldRemit Comms via Flickr[91]

M-Pesa 在肯亞一推出就受到歡迎，很多在城市工作的肯亞人，希望能將錢送回到鄉村。鄉村的人大部分都沒有銀行帳戶，所以支票與轉帳並不適

合。此外，旅行回鄉非常昂貴，郵寄也會因為郵務基礎設施的缺乏，很容易就寄送失敗，所以寄送現金就有很高的風險。

但是，甚至在 2007 年，超過一半的肯亞人有了手機 —— 所以藉由 M-Pesa，工人可以將錢送回鄉下家中。[92] M-Pesa 實際上也表現得很好，根據一項研究，鄉村家庭的收入，在使用 M-Pesa 之後，增加了 5% 到 30%。[93]

M-Pesa 的業務也擴張到貸款、儲蓄，以及商業付款，這些都不需要銀行帳戶。在 2018 年，Safaricom 宣布與西聯匯款（Western Union）合作，M-Pesa 與西聯匯款的使用者可以彼此匯款，這意味著肯亞人可以利用 M-Pesa 轉帳到一個使用西聯匯款的德國人銀行的帳戶。[94]

在三個國家擁有三千萬個使用者，M-Pesa 的未來是光明的，這也象徵著藉由最簡單的科技可以發展出許多行動支付方式。[95]

主題 54　微信如何成為中國官方應用程式？

在美國，你會使用谷歌地圖尋找餐廳，然後搭乘優步到達該餐廳，使用 Apple Pay 支付餐點費用，在 Yelp 上對該餐廳留下評論，透過臉書的 Messenger 跟朋友分享相關訊息。而在中國，你可以使用騰訊的微信完成所有事情。[96]

事實上，在微信上，你可以做到任何事情，從預約醫生到叫計程車並且支付車資。雖然微信一開始是通訊軟體，但是後來添加了許多功能。[97] 它是九億個中國人所使用的最基本的應用程式 [98] —— 事實上，很多人認為它是中國「官方」應用程式。[99]

很難找到像微信這般主宰全國的應用程式，微信是如何做到的呢？

為什麼微信能成長

我們可以想到三個主要理由，使得微信成為中國的「瑞士小刀」般萬用應用程式。[100]

第一點是微信知道如何創造有趣與病毒式傳播的功能。在2010年發布之後，微信讓使用者可以隨機搖手機與其他使用者聯繫。你也可以寫一個數位的「瓶中信」，送給隨機的一位微信使用者，並且期待他們會回信。[101] 這些功能從西方人的角度來說，可能覺得很詭異，但是中國使用者喜歡這些功能，並且有越來越多人使用微信。[102]

最有名的一樁是在2014年，微信將送紅包的傳統數位化，紅包是用紅色信封裝滿錢，然後在特殊的場合贈送給彼此，例如農曆新年。[103] 人們喜歡送紅包給朋友，因為人們已經有朋友在微信上（畢竟微信是一個通訊軟體），所以每個人都開始使用這個功能。此外，這也提供很大的誘因讓人想要加入微信（「加入微信，我就可以送你紅包錢」是一個永不失敗的口號）。[104]

微信還更進一步將送紅包變成遊戲，你可以送隨機的金額給朋友，這樣使用者就會很想早點打開微信上的紅包，看看金額是多少。[105] 還有一個遊戲是送紅包給群組——但是只有頭一個打開群組的人能拿到錢，[106] 這使得每個人會一直檢查微信的群組，因為他們不想錯過任何一個紅包。[107]

紅包功能的聰明之處在於如果想送，就必須將微信與他們的銀行帳戶連結在一起。當人們都這麼做之後，就很容易要他們使用微信的付款系統，這個系統稱為微信支付。微信支付可以買電影票、付帳單、搭計程車等等。[108] 在推出紅包功能之後，微信支付的使用者從三千萬人增加成一億人。[109] 這個功能被認為是微信支付之所以能打倒支付寶的原因，即使支付寶的發展歷史比較久。[110] 隨著微信支付的使用者逐漸增加，也使得微信不只是通訊軟體——它成為了可以做任何事的應用程式。

　　微信成功的第二個理由很簡單：它在正確的時間在正確的地點出現。在 2010 年，就在微信公開推出之前，在中國只有三千六百萬台手機售出，但在兩年之後，這個數字暴增到二億一千四百萬。[111] 因為微信在 2010 年就涉足手機應用程式市場，所以成長的速度就跟手機成長速度一樣快。

　　第三個理由是因為它跟中國政府有密切的關係，這幫助他們抵擋外來的競爭者。中國政府要求騰訊交出使用者資料，並且不准使用加密 [112]——西方國家不敢這麼做，因為擔心會在其他國家引起反彈。[113] 但是因為微信遵照中國政府的命令，中國政府便幫助微信封鎖臉書的 Messenger、WhatsApp 與韓國的通訊軟體 LINE。[114]

　　中國政府與騰訊的合作很深入，在 2018 年，中國政府宣布微信將會與中國的電子身分證系統整合 [115]——這將有助於中國政府發展身分認證方案，也使得微信成為必須要有的應用程式。與政府合作，使得騰訊獲得好處。

西方學到的一課

　　微信在中國以外的區域並沒有很多使用者——也許是因為它專為中國的文化與法律量身訂造——但是它影響了很多西方科技。

　　最值得注意的是，微信開啟了通訊軟體是一個作業系統的概念。在西方，安卓與 iOS 是你的作業系統，如果你想預約醫院掛號或者是做投資，必須從蘋果的 App Store 或是谷歌的 Play Store 下載應用程式。

　　但是在中國，微信就是你的作業系統——任何你想做的事情，包括預約醫院掛號與投資，[116] 都可以藉由微信的「帳號」（account）[117] 或者是「小程序」（mini-program）達成。[118] 使用者不需要再安裝，因為微信就幫使用者做了所有的事情。使用微信的好處是，你的身分認證與付款資訊可以在每個微信帳號與小程序使用 [119]，而在西方，你的每個應用程式都需要個別的帳

號，如優步、Venmo、PayPal 與 Slack，以及其他的每個應用程式，而你也必須在每個應用程式重新輸入你的信用卡資訊。

所以無論你是使用 iPhone 或者是安卓手機，只需要手機上有微信就行。[120] 這對蘋果公司會是一個問題，因為它的高品質應用程式與 iOS（這通常就是人們堅持使用 iPhone 的原因）不再重要。取而代之的是，中國手機製造商，如小米，可以推出跟 iPhone 的硬體類似但價格較低的安卓手機。[121] 在這點上，iPhone 在中國唯一的獨特性就是其所代表的奢侈地位象徵。[122]

微信也啟發了臉書，因為臉書想要控制作業系統，但是總是只能遵守谷歌與蘋果所訂下來的規則。[123] 所以臉書想要讓他們的 Messenger 成為西方的微信——因為假如所有事情都必須透過 Messenger，臉書可以控制整個使用者體驗，而且不需要在意作業系統是安卓或者是 iOS。這或許就是臉書近年一直在 Messenger 上添加新功能，從付款、[124] 遊戲 [125] 到商業用聊天機器人。[126]

就如你所看到，微信影響著全世界，而且全世界的人們可以從它身上學到東西。

主題 55　在亞洲如何靠一個 QR Code 支付所有東西？

在中國，使用現金付給一個街頭藝人越來越少見。你可以利用手機掃描 QR Code（一大堆黑白方塊所組成的正方形）支付所有費用，[127] 也可以利用 QR Code 給乞丐錢或者是紅白包。[128] 在新加坡的美食街，你可以看到比起用現金的顧客，更多人是用手機掃描 QR Code 付款。[129]

在亞洲很多地方如何與為什麼可以使用手機付款呢？而且為什麼都是用 QR Code 呢？

在東亞與東南亞，到處都有 QR Code，甚至是街頭
攤販也接受支付寶與微信支付。

資料來源：WalkctheChat via Twitter[130]

微信支付與支付寶

在中國的很多地方，你不需攜帶錢包，因為手機可以幫你支付餐廳、共
乘單車、手機帳單，甚至是租金。[131] 這是因為我們之前所提到的大量行動
支付服務：超過九億人使用騰訊的微信支付，以及超過五億人使用的支付
寶。[132]

與 M-Pesa 不一樣的是，微信支付與支付寶需要銀行帳號、手機號碼與
官方身分證，[133] 同時你必須要有一個智慧型手機付錢。但是不同於非洲，
幾乎每個中國人都有智慧型手機。[134]

從街上的攤販到時尚餐廳，在中國很多人都接受使用 QR Code 的支
付系統：利用微信或者是支付寶掃描 QR Code，就可以立即轉帳給某人。
[135] 使用 QR Code 的原因是因為它很容易上手，任何人都可以列印出 QR
Code，你不需要信用卡讀卡機、收銀機或者是其他特殊硬體，就可以開始
做生意。

微信支付與支付寶的交易，大部分都侷限於中國境內，但是在 2018

年，微信支付跨足到馬來西亞，所以這些應用程式似乎持續在擴張。[136]

Grab 與 Go-Jek

QR Code 的付款系統在東南亞也越來越流行，為了理解原因，你必須了解行動支付在東南亞如何發生。

在東南亞，兩個最大的亞洲行動支付系統分別是新加坡的新創公司 Grab，與印尼的新創公司 Go-Jek。[137]（巧合的是，Grab 有阿里巴巴支持，[138]而 Go-Jek 則是騰訊在背後協助[139]——所以他們可能只會在東南亞稱雄，而不會與中國支付系統競爭。）

Grab 與 Go-Jek 共乘公司的業務分別是：Go-Jek 可以讓你共乘摩托車[140]，並且主宰著印尼的市場，[141]而 Grab 則像是優步一樣的叫車服務（它的創辦人想成為「亞洲的優步」），[142]並且掌控其他東南亞市場。除外，它們是很相像的應用程式。[143]

共乘很棒，但是這兩家新創公司之所以熱門，是因為有數以百萬計的使用者開始將付款資訊輸入到應用程式，並且儲值到應用程式的數位皮夾。[144]讓人們願意儲值到應用程式是很大的障礙，但一旦使用者開始儲值，無論是否使用聰明的紅包促銷或者是支付共乘費用，你都可以開始賣任何東西給使用者。

這也就是 Grab 與 Go-Jek 開始做的事情，[145]你現在可以購買食物、寄送包裹、使用藥物寄送到府、支付空調維修費用、付費洗衣，甚至在 Go-Jek 可以購買按摩服務。[146]（這些功能有什麼共同點呢？它們都在賣東西給你，這也就是為什麼設定行動支付是重要的事情。你不會為了要按摩服務，而在應用程式上輸入一大堆的付款資訊，但是如果你的應用程式中已經有錢，就有可能會讓你更有動力去購買按摩服務。）

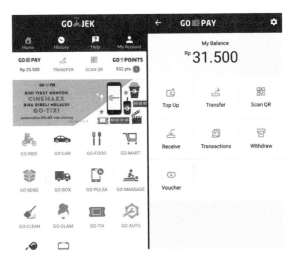

印尼的應用程式 Go-Jek，原本只是摩托車共乘服務，現在
已經擴張到可以讓你付錢給朋友（GO-PAY），讓你購買化
妝服務（GO-GLAM），以及房屋清理服務（GO-CLEAN）。

資料來源：Tech in Asia[147]

　　當然，你可以藉由掃描 QR Code 來支付任何費用。

　　Grab 與 Go-Jek 獲得極大的成功，例如，優步嘗試擴張到東南亞，但是
被 Grab 以策略性取勝，所以必須將它的服務賣給 Grab。[148]（對於要成為
「亞洲的優步」的公司而言，不是一件壞事！）

　　但是，在東南亞的戰爭依然激烈進行中。Go-Jek 與 Grab 各自擴張到對
方的市場中，Go-Jek 進軍到新加坡，[149] 而 Grab 則是到了印尼。[150] 除了彼
此之外，他們還要與更小型的地方支付系統對抗，如新加坡的 PayNow 與
Dash、馬來西亞的 Razer Pay[151]、菲律賓的 InstaPay，以及越南的 VNPay。[152]

Paytm

　　QR Code 與行動支付在印度沒有像在中國或者是東南亞那麼盛行，但是

也已開始萌芽，這是由行動支付系統的新創公司 Paytm 所帶動。

　　Paytm 一開始是做為行動支付系統，可以讓使用者從銀行將錢存入應用程式（如同微信支付），或者是利用現金儲值（如同 M-Pesa），然後就可以付錢給朋友或者進行商業交易。Paytm 在印度有不錯的開始，當時印度政府在 2016 年宣布不再使用五百與一千盧比（分別等同於七美元與十四美元），強迫民眾使用新的紙鈔。[153] 這使得印度人有一個額外的理由實驗無現金支付系統——所以 Paytm 開始發展，一夜之間有了一億五千萬個使用者。[154]

　　但是，如同 Grab 與 Go-Jek，Paytm 決定試著成為下一個微信，開始提供更多的功能，並且銷售更多的東西。現在你可以在 Paytm 上發簡訊、支付帳單、線上購物與玩遊戲。它甚至開始允許有「小程序」。[155] 當然，你也可以藉由掃描 QR Code 付費。[156]

　　簡而言之，行動支付在亞洲正逐步發展，因為它們是聰明的商業模式的中心：一旦你獲得了人們的付款資訊，你可以試著成為下一個微信，最後主宰你國家的科技面貌。

主題 56　西方跟東方科技公司的策略差異是什麼？

　　一直以來，美國跟中國的科技公司的戰爭是在開發中國家上演，[157] 而且中國與美國被廣泛認為是在進行主導人工智慧、[158] 電信科技，[159] 以及甚至是網路網路的未來的「競賽」。[160]

　　但是這兩邊不像是彼此的副本，你已經在本章看到，西方與東方的科技公司是很不一樣的野獸——但是他們到底有多不一樣，他們對國家的競爭對手又有什麼影響？

直接與間接

假如你在印度或者是東南亞生活，很有機會聽過谷歌、臉書、亞馬遜與其他西方科技巨頭，因為你曾經看過或者是使用過他們的應用程式。同時，你可能沒有聽過中國大型科技公司，如阿里巴巴與騰訊，即使這些公司在背後支持幾十個你國家內最流行的應用程式。

這就談到一個更大的趨勢，當西方國家進軍新興市場時，他們傾向引入其既有的應用程式與商業模式。[161] 在開發中國家的使用者使用的是與歐洲跟北美洲相同的臉書、iPhone 與 YouTube。即使西方公司推出專為開發中國家設計的應用程式，也只是原本應用程式的衍生品。Google Go 與 Android Go，這兩個分別是谷歌搜尋與安卓作業系統的印度版本[162]——它們可能跟原版看起來不太一樣，但在核心部分，也只是對原版進行調整。

同時，中國公司通常不會在其他市場使用修改版本的中國應用程式。反而傾向於投資當地公司，開發新的應用程式，並且針對當地市場規畫客製化的商業模式。例如，阿里巴巴不曾在中國以外的地方，建立同名的阿里巴巴電子商務網站。[163]

但是阿里巴巴購買了不同電子商務網站的股份，這些公司包括了線上購物、行動支付以及貨品運送：[164] 印度的 Paytm、[165] 新加坡的 Grab、[166] 印尼的電子商務新創公司 Tokopedia，[167] 與巴基斯坦的電子商務新創公司 Daraz。[168] 通常，阿里巴巴在這些新創公司投資夠多的錢，以決定公司的未來，但不會讓阿里巴巴的品牌出現在這些公司的產品上。

騰訊做了類似的事情，它也曾經試著將微信擴張到其他國家，但是典型做法是與當地公司建立密切的夥伴關係。為了擴張到馬來西亞與泰國，騰訊與當地的叫車應用程式 Easy Taxi 推出了微信上的叫車服務（但只限於馬來西亞與泰國）[169]。為了在新加坡發展，他們與新加坡的電子商務新創公司 Lazada 合作，在新加坡版本的微信上添加了 Lazada 的功能。[170]

如同阿里巴巴，騰訊在開發中國家廣泛投資當地新創公司，像是印尼的 Go-Jek、[171] 印度的叫車應用程式 Ola，[172] 以及風行印度的運動平台 Dream 11。[173] 他們特別在遊戲業上展開攻勢，投資從南韓到冰島與日本的遊戲公司，[174] 包括騰訊對於「要塞英雄」的作者的知名投資。[175]（這些投資也是為了引誘使用者到微信上。）

西方與東方公司的不同策略，在印度最為明顯。亞馬遜與阿里巴巴在 2010 年代中期，都嘗試征服印度的電子商務市場。當亞馬遜試著在 2014 年建立起 Prime 服務，阿里巴巴則是在 2015 年投資當地的新創公司 Paytm。[176]

為什麼會有這個差異？

這些方法的差異是來自於商業模式的不同，西方公司長久以來專注在創造新的商業模式，這些商業模式可以很容易地成長或者是擴張。無論是賣廣告（例如谷歌與臉書）或者是賣手機（如蘋果），同樣的方式在世界的每個地方都管用：世界上的每個公司都想賣廣告，而世界上大部分的人想買手機。所以西方的應用程式與商業模式，除了語言外，再做一些修改，就可以應用在世界上的任何地方。[177]

在此同時，中國公司則將自己定位為在基礎設施不完善的國家中，成為最大的金流與物流公司。在這些國家當中，他們的問題是不同的國家有不同的金流與物流運作方式，就如同《經濟學人》所說，成為城市國家新加坡的物流專家，無法教會你如何運送貨物到印尼的數千個島上。因為必須針對各個國家擬定各自的理想解決方案，中國公司傾向讓當地的企業家建立符合各地需求的公司，然後當這些公司一切就緒，就將他們買下來。[178]

這些策略都明顯發揮效果，美國公司驚人的擴張彈性，賦予這些公司在進入一個新市場的領先優勢：當亞馬遜進入印度市場，已經擁有一個巨大的物流基礎設施、付款系統、品牌名稱，以及與其他在地公司的合作關係。[179]

同時，中國公司藉由在每一個國家（那些顯然很難衡量規模的國家）客製化產品與商業模式，可以確認他們是在對的地方進入這些市場。

　　然而，兩個策略有各自的缺點。當美國科技公司的產品與商業模式，在大部分國家都表現得很好的時候，在一些我們提過的國家並不完美。（想想看谷歌在印度推出的 Google Go 與 Android Go——這顯示標準的谷歌應用程式與安卓作業系統，對印度而言並不完美適用。[180]）中國公司贊助很多新創公司，但是這些公司往往是彼此競爭的：阿里巴巴贊助東南亞的電子商務新創公司 Tokopedia[181] 與 Lazada[182]，他們在很多跨區域的相同國家競爭。[183]

心靈交會

　　所以沒有一個策略是必然比另一個更好或者是更壞。事實上，西方與東方公司開始從彼此的策略劇本借鏡。沃爾瑪在 2018 年買下印度的電商巨頭 Flipkart，[184] 而不是試著在印度成立沃爾瑪與線上運送。谷歌模仿東方公司的典型做法，在 2018 年投資了印尼的叫車公司 Go-Jek[185] 與印度的電子商務新創公司 Fynd。[186] 在同一年，阿里巴巴宣布幾個全球可以使用的雲端運算產品，標示著阿里巴巴在中國以外的第一個有阿里巴巴品牌的產品。[187]

　　所以，現在還不清楚所謂的東西方的「科技戰」誰會贏，[188] 但是他們都彼此從競爭對手學習訣竅。

| 第 11 章 |
科技政策

網際網路成為我們購物、閱讀新聞、溝通、研究與做生意的主要
途徑。然後，不意外的是，科技世界衝擊了原本的政策與法律，
並在反托拉斯、言論自由、隱私與其他事項上，不斷引起爭議。
在本章，我們將會看到一些正在激烈討論的政策爭議，以及探討
政府如何開始節制科技公司。請繫好你的安全帶！

主題 57　Comcast如何販售你的瀏覽紀錄？

2016 年，美國政府負責管理電信與網路的聯邦通信委員會（Federal
Communications Commission, FCC）宣布，網路服務供應商（internet service
providers, ISPs）在販售使用者的瀏覽紀錄給廣告商之前，必須獲得使用者
的許可。[1] 但是在 2017 年，國會通過一項法案，取消了這些「寬頻隱私」
（broadband privacy）規範。[2] 換句話說，在 2017 年的法令，允許網路服務
供應商任何時候都可以販售使用者資訊，無論使用者是否同意，[3] 而這讓消
費者權益促進倡議者感到非常憤怒。[4]

但誰是網路服務供應商呢？他們有哪些關於你的資料？他們賣那些資料
有什麼問題？讓我們逐步分析。

不停止的監控

　　無論使用者何時藉由無線網路連上網際網路，或者是藉由纜線看電視節目，都是在使用所謂的「寬頻內容」。[5] 稱為網路服務供應商的公司，將這些內容傳送給使用者，換句話說，提供使用者纜線與家庭網路的公司就是網路服務供應商。[6] 在美國最大的網路服務供應商包括了 Comcast、AT&T、Verizon、CenturyLink、Cox[7] 與 Spectrum。[8]

　　不要把這些公司跟提供 4G 與手機服務的電信公司混淆，電信公司包含了 Verizon、AT&T、Sprint 與 T-Mobile。[9]（注意，Verizon 與 AT&T 都出現在兩張清單當中。）

　　因為網路服務供應商位於使用者與使用者所造訪的每個網站中間，他們可以追蹤使用者完整的瀏覽紀錄。然後他們可以將這些資訊，連同諸如人的年齡與所在地等人口資訊，一起賣給廣告商，廣告商可以利用這些資料來發送定向廣告。[10] 這個資訊寶藏會讓臉書與谷歌所擁有關於使用者的資訊，都顯得算不了什麼。[11] 主張維護隱私的人說網路服務供應商甚至會綁架使用者的谷歌搜尋，或者是在你瀏覽的網站插入廣告。[12] 一個惡名昭著的例子是 Verizon 的「supercookie」，這是一個 Verizon 安裝在他們所有手機的追蹤器，可以追蹤使用者所看過的每個網站，而且使用者無法移除它。[13]（Verizon 已經移除 supercookie，但是隱私權倡導者說這個追蹤器有可能會回到手機上。[14]）

壟斷的遊戲

　　如果你不喜歡網路服務供應商所做的事情，或許也只能自認倒楣。因為不同的整合與購併，在美國的網路服務供應商已經是一個壟斷事業。[15] 聯邦通訊委員會估計有 75% 的美國家庭，只有零或者是一個高速網路服務供應商可以選擇——換句話說，他們的網路服務供應商獨佔市場。[16] 並且，可

以預見的，壟斷的現象會導致更慢的網路連線與更貴的價錢。[17] 例如 AT&T 在加州的庫帕提諾（Cupertino）壟斷了網路服務供應商的市場，但是在德州的奧斯丁（Austin）則與另一個網路服務供應商競爭。AT&T 在加州向庫帕提諾的消費者多收取四十美元的費用，但是只提供相同的基本服務！[18]

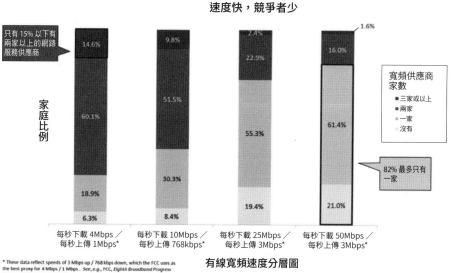

速度快，競爭者少

只有 15% 以下有兩家以上的網路服務供應商

寬頻供應商家數
■ 三家或以上
■ 兩家
▨ 一家
▫ 沒有

82% 最多只有一家

14.6%　9.8%　2.4%　1.6%
60.1%　51.5%　22.9%　16.0%
18.9%　30.3%　55.3%　61.4%
6.3%　8.4%　19.4%　21.0%

家庭比例

每秒下載 4Mbps ／　每秒下載 10Mbps ／　每秒下載 25Mbps ／　每秒下載 50Mbps ／
每秒上傳 1Mbps*　每秒上傳 768kbps*　每秒上傳 3Mbps*　每秒上傳 3Mbps*

* These data reflect speeds of 3 Mbps up / 768 kbps down, which the FCC uses as
the best proxy for 4 Mbps / 1 Mbps . See, e.g., FCC, Eighth Broadband Progress
Report, FCC 12-90, ¶ 29 (2010).

有線寬頻速度分層圖

Source: NTIA State Broadband Initiative (Dec. 2013); FCC

超過四分之三的美國人只有零或是一個高速寬頻網路服務供應商的選項，這裡的高速是指每秒 25MB 以上。顯示出這是個壟斷的市場。

資料來源：FCC[19]

　　遺憾的是，因為寬鬆的反托拉斯規範與進入電信產業的高門檻，這些壟斷現象似乎很難被打破或者是規範。[20] 要設置大量的網際網路基礎設施相當困難，連谷歌也不易做到這點。谷歌嘗試建立自己的超高速網路服務供應商，稱為 Google Fiber，但是遭遇了極大困難，並且在 2017 年大大縮減規模。[21]

　　因為網路服務供應商市場近乎壟斷，他們的資訊販售習慣對消費者而言

也特別危險。假如你的網路服務供應商販售你的瀏覽紀錄，但是你不喜歡他們這麼做，很不幸地，你沒有太多選項可以擺脫。[22]

規範——或者是沒有規範

在 2016 年以前，對於網路服務供應商販售使用者資料給行銷公司很少加以規範。[23] 但是在 2016 年，聯邦通訊委員會通過一條法令，規範網路服務供應商在販售瀏覽紀錄給行銷公司時，必須取得顧客的同意。[24] 寬頻隱私權倡議者熱烈慶祝這次的勝利。[25]

但是在 2017 年，當時新任的主席潘吉特（Ajit Pai）掌權，與支持他的國會一起刪除這條法令。[26] 這意味著網路服務供應商可以在不經過使用者的同意下，販售資料給行銷公司。[27]

消費者權益倡議者譴責執政黨，說他們被網路服務供應商挾持，並且侵犯消費者的隱私。[28] 但是贊成取消法令的人說，這只是一個公平的行為，因為資料販售的法令並不適用於臉書與谷歌，即使他們也是透過使用者資料製作定向廣告，並藉此賺了幾十億美元。[29] 他們說網路服務供應商也需要定向廣告，以便與谷歌與臉書競爭。

這場爭論似乎沒有盡頭，但是幸運的是，至少有個有趣的結果。在聯邦通訊委員會收回原本的法令之後，新聞網站 ZDNet 根據資訊自由法令，要求查看為了新法奮戰的新任聯邦通訊委員會主席潘吉特的瀏覽紀錄，但是聯邦通訊委員會說他們沒有任何相關資訊。[30]

主題 58　免費的手機資料流量如何傷害消費者？

假如你住在英國，並且電信商是 Virgin Media，那麼有個好消息：你可

以不用繳數據資費就可以使用 WhatsApp、Messenger 與推特。

Virgin Media 提供只要是使用 WhatsApp、Messenger 與推特就免數據資費的服務，但這對消費者而言，真的是好事嗎？

資料來源：Virgin Media[31]

在美國也有類似的服務，只要你是使用 AT&T，就可以免費使用 AT&T 的串流服務 DirectTV Now——無論你看多少影片，都不會向你收取數據資費。[32]

當你使用特定應用程式不會收取數據資費的這類型服務，稱為「零費率」。[33] 聽起來很棒，誰不喜歡無上限的簡訊與看到飽的影片呢？但是一項研究顯示零費率的服務，對客戶來說，整體費用是比較貴的。[34] 但是這是如何發生的呢？

零費率是目前對於網路中立性的政策辯論中最熱門的議題之一。[35] 在我們解釋零費率會帶來什麼影響之前，先來看看網路中立性。

網路中立性

簡單來說，網路中立性是網路服務供應商必須對所有資料都一視同仁的原則。沒有任何資料可以受到特殊對待；沒有電影、推特發文與 GIF 動畫可以播放比其他同類型的資料更快，或者在零費率的例子中，不應該提供消費者有比其他應用程式更為便宜的方案。（這會使得某些資料或者應用程式

比起其他同類型的資料，對消費者而言更具吸引力。[36]）

　　根本上，網路服務供應商控制使用者是否能使用網路；你所使用的網路資料，都是透過類似 Verizon 與 Comcast 這樣的公司。這使得網路服務供應商有很大的權力，可以控制是否要給某些應用程式或者是網站特權，例如調慢其競爭者的網路速度。但是假如網路服務供應商因為某些公司給了他們好處，就偏向那些公司，這對消費者而言是很大的損失。網際網路會喪失開放性與創新性，而競爭被限制之後，經濟成長也會減慢。[37]

　　具體上來說，網路中立性是要終結三項網路服務供應商的行為，這些行為讓其不公平地濫用權力以獲取利潤。

　　第一個是「封鎖」（blocking），也就是網路服務供應商公開封鎖他們網路內的流量。最惡名昭著的例子，是 AT&T 試圖封鎖不願付較高數據資費方案的顧客的 FaceTime。[38] 這是一個很明顯的手段，強迫顧客付給 AT&T 更多錢。與 AT&T 綁訂合約的顧客沒有其他選擇，因為所有的 FaceTime 都是透過 AT&T 的網路，為了使用 FaceTime，顧客只能升級他們的資費方案。

　　封鎖一個網站看起來太明顯了，所以他們選擇比較微妙的方法：「箝制」（throttling）。箝制是網路服務供應商針對某個特定網站，調降連線速度，對象往往是競爭對手的網站。[39] 在 2013 與 2014 年，Comcast 與 Verizon 調慢了連結到網飛的速度，[40] 這或許是因為他們想要促進自己的影片串流服務的發展。[41] 箝制帶來很糟糕的效果，所以網飛必須付費給 Comcast 與 Verizon 來停止箝制。[42] 所以 Comcast 與 Verizon 藉由他們對於顧客的權力，給了自家產品不公平的競爭優勢，並且從網飛榨取金錢。

各網路服務供應商自從 2013 年 1 月以來網飛下載速度的改變

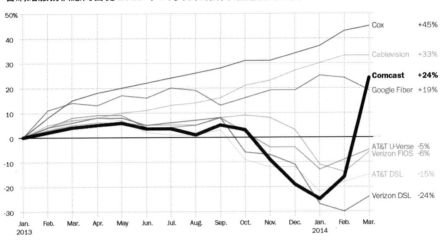

SOURCE: Netflix
GRAPHIC: The Washington Post. Published April 24, 2014

在箝制的例子當中，網飛看到他們在 Comcast 的速度突然跌落，直到他們在 2014 年 1 月付錢給 Comcast 為止，才開始突然攀升。

資料來源；Technical.ly[43]

　　第三個方法是「付費優先」（paid prioritization），這是網路服務供應商藉由與網站達成協定，將他們的連線速度調整得比其他競爭對手快。[44] 付費優先，也被稱為付費的「快速車道」，在近幾年來比封鎖與箝制更為普遍。零費率是很完美的付費優先例子——所以讓我們更深入探討這個機制是如何傷害消費者。

零費率

　　回想一下零費率的機制，這是網路服務供應商給予顧客在使用某些應用程式的時候，免除產生的數據資費，通常是為了從應用程式的製造商取得龐大費用。[45] 這會讓這些應用程式比他們的競爭對手更有優勢——你會想要在一個會花光你數據資費的應用程式看影片，還是可以不會花光你的數據資費

的應用程式呢？

　　根本的問題是零費率傷害了新創公司，舉 Virgin Media 給予免費使用 WhatsApp、Messenger 與推特為例，這些應用程式背後的大公司，無疑有經費可以付給 Virgin Media 以獲取這項特權。但是想要建立下一代強大的通訊應用程式的新創公司，肯定無法負擔這個費用，這是跟他有錢的競爭對手相比下很明顯的劣勢。小型的影片網站 Vimeo，只有兩百個員工，表示無法負擔維持與由 T-Mobile 持有的德國電信（Deutsche Telekom）的零費率合約。[46] 換句話說，零費率鞏固了科技巨人的領先地位，並且抑制了創新。[47]

　　而當網路服務供應商在促銷自己的產品時，並想要尋求從競爭對手上獲得免費的促銷，會讓這個問題更為惡化。AT&T 對於自己的 DirectTV Now 的影片串流服務所提供的零費率方案，就是一個很顯著的例子。這項方案對於 DirectTV Now 提供極大的優勢，將使用者鎖在自己的服務中，並且排除其他對手。這對顧客而言，在當下是一項好交易，但是假如 DirectTV Now 將所有的競爭對手都排持在外，害他們做不了生意，AT&T 就可以停止零費率方案，將費用調高，使用者將沒有其他選擇，只能接受調高後的費用。[48]

　　就如同我們之前提到的，歐洲的非營利組織 Epicenter.works，在三十個歐洲國家對於零費率進行的調查，並且發現當一個國家允許零費率，無線網路營運商就會調高價錢。而不允許零費率的國家，其無線網路的費用則是穩定下跌，但是允許零費率的國家，確實逐漸在增加。[49]

　　為什麼？當無線網路營運商藉由零費率吸引更多顧客，就不再需要在價格與網路品質上進行競爭，所以在這些領域就不再需要有所改善。[50]

網路中立性的歷史

　　到目前為止，我們只有談到沒有網路中立性的世界。至少在美國，網路中立性曾經受到要求：在本世紀曾經被要求過幾年，但不是都如此。

聯邦通訊委員會負有規範網際網路之責，但是直到 2002 年之前，都不曾規範過網路服務供應商。而在 2002 年，則把他們放在比較寬鬆的規定中，這個規定稱之為 Title I。[51] 這個規定沒有禁止封鎖、箝制或者是付費優先。[52] 然而，Title I 算不上有網路中立性的概念。

在 2015 年，聯邦通訊委員會開始在較為嚴格的 Title II 下規範網路服務供應商。Title II 禁止封鎖、箝制與付費優先 [53]——換句話說，Title II 強制網路中立性，網路中立性的支持者感到非常興奮。[54] 但是在 2017 年，新任的聯邦通訊委員會主席潘吉特，重新將網路服務供應商分類在 Title I 的規範下，有效地摧毀網路中立性。[55] 他爭論強制網路服務供應商維持網路中立性，將使高速寬頻連線的擴張變慢，[56] 而且 Title II 已經過時了。[57]

潘吉特或許不是最沒有偏見的決策者，但是，他畢竟曾經是 Verizon 的律師！[58]

主題 59　一個英國醫生如何讓谷歌從搜尋結果當中移除其醫療疏失？

2014 年，一個英國醫生要求谷歌移除關於他的拙劣醫療過程的五十條新聞連結，而在新的歐盟法律之下，[59] 谷歌同意移除在搜尋醫生名字時，所會出現的三個搜尋結果。[60]

可以理解的是，大眾感到很憤怒，人們往往是透過谷歌搜尋來選擇要看哪一名醫生，而且假如醫療疏失的結果沒有顯示出來，病人可能不知道他們正在做會傷害自己健康的決定。[61] 為什麼谷歌被迫要服從這個要求，這個趨勢是好還是壞呢？

被遺忘的權利

強迫谷歌移除這些直言不諱的連結故事，要從 1998 年的西班牙說起。在那一年，當地的報紙報導一個名叫馬力歐‧柯斯塔加‧岡薩雷茲（Mario Costeja Gonzalez）的人債台高築。在 2010 年，他對在谷歌上仍然能搜尋到這些傷害他名譽的文章感到很沮喪，因為這件事情已經經過了十幾年。所以他要求谷歌移除這些搜尋結果，這件案子在 2014 年，一路上訴到歐盟法院。當時法院判決，在歐盟，隱私權也包含了「被遺忘的權利」。[62]

根據這條法律，如果你在歐盟的任何一個國家，利用谷歌搜尋你的名字，發現所連結的網站當中含有關於你的「不適當、不相關，或者是不再相關」的資訊，你可以要求谷歌從搜尋結果中移除這個網站連結。[63]

使用者可以利用谷歌上的表單，要求移除連結，[64] 而谷歌必須決定是否要保留這個連結。他們必須衡量所隱藏的個人資訊對於公眾有多重要。[65] 如果谷歌不遵守，或是歐盟不滿意谷歌的做法，將會對谷歌提出訴訟。[66]

假如谷歌決定移除，他們會在頁面上顯示一個提示：

根據歐盟的保護法律，某些結果已經被移除。[67]

「被遺忘的權利」已被使用了數以百萬次。谷歌在 2014 年 5 月接受移除連結的申請，而在一個月內，就有五萬個申請要求。[68] 在三年內，谷歌被要求移除兩百萬個連結，有 43% 的連結最後被移除。[69] 最多被要求移除的網址包含了臉書、YouTube、推特、谷歌群組、Google Plus 以及 Instagram。[70]

大多數移除連結的要求相當無害：統計顯示，有 99% 的移除要求是為了保護無辜的人的隱私資訊。[71] 例如，性侵害的受害者，要求谷歌隱藏關於犯罪事件的新聞文章搜尋結果。[72] 但是有些要求則是有些陰險，例如之前提到的醫療疏失的英國醫生，政客要求隱藏揭露他過往的文章，以及已經被定

罪的罪犯要求移除任何提到他作惡的連結。[73]

　　要注意的是，使用「被遺忘的權利」並不會讓關於你的文章從網路上徹底消失。即使谷歌在搜尋你的名字的結果中隱藏連結，但連結仍然會出現在其他搜尋詞彙當中。[74] 例如，在英國醫生的例子當中，搜尋他的名字的時候，並不會出現醫療疏失的連結，但是這些連結會出現在「英國醫生的醫療疏失」的搜尋中。當然，這些相關文章也會出現在原本的網站上。而且很明顯地，這個法律只對谷歌的歐洲搜尋引擎有效力，例如 Google.de 或者是 Google.fr 不會出現被移除的連結，但是如果在 Google.com ──即使你人在歐洲──同樣可以看到這些被移除的連結。[75] 法國的資料保護當局注意到這個漏洞，命令谷歌要在他們全球的所有搜尋引擎中移除連結。[76]

原諒或者是遺忘？

　　世界各地的評論者對於「被遺忘的權利」感到相當憤怒，表示這個法律限制了言論與出版自由。[77] 谷歌稱它為「讓搜尋與一般的線上出版商來說感到失望的裁決」，[78] 谷歌的共同創辦人賴瑞・佩吉警告這個裁決將會扼殺網際網路新創公司。[79] 有些人害怕某些獨裁政府可以使用這些個法律為前例，合法化大規模的出版審查。[80] 更從哲學角度來看，某些觀察家覺得一個私人的搜尋引擎公司，現在卻必須做出是否符合言論自由的判斷，是非常奇怪的事情。[81]

　　但是支持這個法律的人則宣稱被遺忘的權利是個人權利，[82] 某些隱私權維護支持者將這個法律視為一次勝利。[83] 這個法律可以讓人避免被年輕時候犯下的輕率舉動，一直糾纏著自己的一生──在這個什麼事情都會被網際網路永遠記錄下來的世界，可以有原諒與遺忘的能力，是一個受歡迎的改變。[84]

　　然而，這個爭論現在歸結到價值觀的問題。[85] 當美國傾向重視言論自由大於一切的時候，歐洲則是著重隱私權。[86] 這也許可以說明對於被遺忘的權

利的不同觀點——這也暗示著關於這個法律的爭論不會很快被遺忘。

主題 60　美國政府如何從稀薄的空氣中賺取數十億美元？

　　在 1983 年之前，美國唯一的氣象資料與預測——從氣溫到龍捲風——來源是做為美國國家機構的國家氣象局，他們從 1870 年開始收集資料。[87] 在 1983 年，國家氣象局史無前例地提供資料給第三方。私人公司可以購買國家氣象局的資料，用於他們自己的產品與預測。[88]

　　無論國家氣象局是否有預測到，他們的這個決定，刺激了私人的氣象預測產業的誕生。[89] 氣象產業包括了幾家大公司，如 AccuWeather、氣象頻道（Weather Channel）與氣象地下鐵（Weather Underground），這個產業目前預估有五十億美元的價值。[90] 換句話說，美國政府藉由釋出資料給大眾，就創造了五十億美元的產業。

　　這是一個自然的夥伴關係，私人企業無法建立自己的衛星與雷達，以獲得數以百萬計的精準氣象數據，但是政府可以提供這些資料。做為交換的是，氣象公司創造了氣象預測與工具，幫助了人們與商業活動。[91] 例如 AccuWeather 開發了可以精準指出嚴重氣象風險區域的軟體，這款軟體可以告訴人們鐵路的哪個區段可能遭受不良天候的襲擊。一旦 AccuWeather 注意到有個龍捲風將會襲擊在堪薩斯的一座城鎮，他們就會警告當地的鐵路公司。鐵路公司會停止兩班前往城鎮的火車，同時「工作人員將會看到伴隨著閃電的巨大龍捲風經過他們」。[92]

　　歡迎來到「開放資料」的世界，「開放資料」的想法是像政府一類的機構應該將資料提供給大眾，使其可以免費被再利用，並且格式應該是可以讓

電腦易於分析。[93] 除了氣象產業外，開放資料已經、同時也將會產生巨大的經濟影響。例如，在 1983 年，美國政府提供全球定位系統給公眾使用——而在今天有超過三百萬的工作，從駕駛卡車到精準農耕，都仰賴全球定位系統的資料 [94]（自駕車也是）。[95]

假如這還不夠，麥肯錫管理顧問公司估計政府的開放資料一年可以創造三兆美元的經濟活動。[96] 例如，開放運輸資料可以幫助許多公司找出最佳化的遞送路徑，開放定價資料則可以幫公司決定要付多少給約聘人員。[97]

開放資料也為社會帶來相當多的好處，開放資料可以幫助公民對政府問責，例如有個記者團隊，使用由烏克蘭政府所提供的採購資料，發現了大量的貪污案例，例如一家醫院跟一家神秘的公司，以每支七十五英鎊的價格購買了五十支拖把。[98] 開放資料也可以幫助個人與公司開發有用的應用程式：例如在 2013 年，Yelp 整合自己的應用程式並且公開從舊金山到紐約的餐廳調查評分，所以 Yelp 的使用者可以看到餐廳的衛生等級。[99] 開放資料也可以幫助降低大量的成本：某位英國研究者發現一個公開的資料集，可以幫助英國健康服務體系省下數億英鎊。[100]

很明顯的，開放資料有極大的潛力，所以我們要如何獲得開放資料？

開放資料的政策與政治

遺憾的是，你不能只揮動魔杖，就使政府釋出他們的資料。有很多政府單位接受新科技的速度很緩慢，或者是對釋出資料感到遲疑，因為這些資料可能讓他們看起來很糟糕。[101] 不過，現在有許多政府部門開始接受這項改變。英國政府在 2013 年簽署了開放資料憲章，要求政府單位都要預設釋出他們的資料。[102]

美國也跟著在 2013 年有了開放資料政策，要求所有單位的新資料都必須放到 data.gov 網站上，提供大眾使用。[103]data.gov 包含了從大學學費、農

業與顧客對大企業的客訴等等的免費資料。[104] 而在 2014 年，美國政府的數位責任與透明法案（Digital Accountability and Transparency Act，常被稱為 the DATA Act）要求強制公開所有政府花費的資料，並放到 usaspending.gov 上。[105] 舊金山[106] 與波士頓[107] 等城市也遵循相同的法案，並且製作他們自己的公開資料入口網站，加拿大[108] 與日本[109] 也一樣。

　　這些政策也曾遭受政府單位的推託，英國政府單位不願意在沒有證據證明開放資料對他們有利的情況下，將資料提供給大眾。[110] 同時隨著政治態度的轉變，也會影響相關政策。當英國在 2015 年成為開放資料的領導者時，[111] 開放資料的推廣者擔心 2016 年的脫歐會影響英國正在成長中的開放資料文化。他們擔心財政緊縮會使政府停止在出版與維護開放資料上的花費，因為關於英國脫歐的政治戲碼，會使推動開放資料的努力不再被重視。[112]

水準	格式
★	讓你的資料能在網路上得到（以任何格式）
★★	讓結構性的資料在網路上得到（例如，微軟 Excel 而非掃描的表格圖檔）
★★★	使用開放格式，非專利所有的的格式（例如，CSV 或 XML 而非微軟 Excel）
★★★★	更進一步使用開放格式，用制式的統一資源定位符（Uniform Resource Locators, URLs）來定義事物是使用來自全球資訊網聯盟（W3C）的開放標準及建議，以便讓其他人能指出你的材料
★★★★★	更進一步使用開放格式及 URLs 來定義事物，將你的資料與其他人的連結來提供內容

網際網路的發明人提姆・柏內茲—李爵士（Sir Tim Berners-Lee）提出開放資料有五層次，如上方表格所述。政府應該盡可能達到最高層次。
資料來源：英國國會[113]

　　也有幾項關於開放資料的立法爭議，政府不能只是把所有東西出版，必

須確保所釋出的資料符合隱私規範與國家安全。[114] 有時候，釋出的資料有可能無意中傷害到公民。例如在 2002 年的「幫助美國人投票法案」，需要五十個州與華盛頓特區共同維護一個有所有有登記的投票者資料的中央資料庫，[115] 這些資料包含了投票人的姓名、年齡及住址。[116] 很多州開始販售這些資料給一般民眾；[117] 政治候選人[118] 與研究者[119] 發現這些資訊有特殊的價值。但是本書作者之一的尼爾則發現，罪犯可以結合公開的投票人資料與 Airbnb 的住房列表資訊，找出數百萬的 Airbnb 房屋擁有者的姓名與地址。[120] 政府對於哪些涉及個人資訊的資料可以公開，需要更為注意。

　　簡而言之，開放資料有很大的潛力，政府也有很好的理由去擴大資料開放的範圍。但是政策制定者也需要與公司跟公民合作，說明隱私與安全的議題。[121]

主題 61｜企業如何承擔資料外洩的責任？

　　企業如果因其失誤而對一般人造成傷害，通常會被究責。在 2010 年，英國石油公司的深水地平線鑽油平台在墨西哥灣爆炸，造成大規模的環境破壞，英國石油公司賠償了一百八十七億美元給美國政府。[122] 當美國安隆公司（Enron）因為詐欺而倒閉，它必須支付七十二億美元的和解金給損失金錢的股東。[123]

　　企業開始面臨新的威脅：資料外洩。例如，駭客在 2016 年外洩雅虎十億個使用者的名字、電子郵件位址、生日與電話號碼。[124] 而在 2017 年，駭客攻擊美國消費者信用報告公司艾可飛，偷走一億四千三百萬個使用者的社會安全號碼——超過一半美國成年人的人數。

　　問題是什麼？不同於英國石油與安隆，資料外洩的公司不會遭到懲罰，

而受到影響的消費者不會獲得補償。例如保險巨頭安森（Anthem）被駭客入侵，並且有八千萬個帳號的資訊外流，安森的顧客發起了集體訴訟，但是每個人只獲得低於一美元的賠償。[126] 一個深感挫折的專家在艾可飛事件後說：

> 我不會懷疑這家公司對於所發生的事情感到後悔，但我也不覺得他們關心這件事情。對他們而言，這只會在媒體上出現幾天壞消息，而罰金的數量相較於他們所獲得的利潤，更是顯得極為微小。像這些懲罰，不會讓這些公司試著去改善問題。[127]

專家們要求企業必須對於資料外洩負起更多責任，[128] 而這正在發生——至少是在少數幾個國家當中。2016 年，歐盟通過一個具有象徵意義的法律，稱為一般資料保護規範（General Data Protection Regulation, GDPR）。[129] 在這條法律之下，資料外洩的公司要賠償二千萬歐元或者是公司年營收的 4%，擇金額較高的一項。[130] 英國也通過了類似的法案，稱為資料保護法案，要求私人公司必須確保顧客的資料「安全又可靠」，並且「如果不是絕對需要，就不能繼續保有」。[131]

同時，在美國有比較輕的資料保護與隱私權法律。[132] 國會已經通過某些偏向資料保護的法律，但並沒有做得很徹底。例如，在 2014 年，國會提出資料外洩與通知法案（Data Breach and Notification Act），這項法案是要求私人公司在資料外洩之後，必須通知顧客，對於被資料外洩影響的顧客提供免費的信用監測，並且如果有大型資料外洩，就必須通知政府。[133] 這個法案甚至尚未進入投票階段，[134] 不過已經是一個開始了。

資料保護法律在不同的國家之間差異很大，特別是在美國與歐盟。專家要求建立「跨大西洋的資料憲章」（transatlantic data charters），在當中，美

國與歐洲的立法者會制定共同的政策，規範私人公司該如何儲存、分享與保護資料。[135] 遺憾的是，過去歐洲與美國在這個主題的會談，因為過多的歧見，導致整個會談陷入停滯。[136]

但假如大西洋兩岸最後能達成協議，跨國公司就可以免除必須遵守許多同時又彼此衝突的資料保護法的困惑與困擾。[137] 跨大西洋憲章對於較小的企業特別有幫助。在當前，大公司可以輕易就聘雇一隊律師，處理許多龐雜的資料保護法律，但是新創公司就沒這麼幸運能擁有這些資源。

當資料保護法律開始普遍，有些保險公司會提供資料外洩保險。[138] 如同一般的健康與汽車保險，企業必須每年支付一筆小額的費用，以便交換當發生資料外洩時，企業所必須支付的成本。[139]

讓我們回到原本的問題：企業該如何對於資料外洩負起法律責任？關於這一點，政策制定者可以允許──或者是甚至強迫──嚴格的懲罰，如同我們在歐洲看到的那些法律；他們可以針對儲存敏感資料的公司要求某些形式的資料保險。但是法律制定之前，美國的消費者資料仍然有風險存在。

| 第 **12** 章 |
前進中的趨勢

很少領域像科技一樣快速變化，我們無法宣稱能看到未來，但是可以掀開幾個正在發展中的科技面紗，並且跟你們說說我們覺得世界在未來幾年可能呈現什麼樣的面貌。在這最後一章，讓我們來看看未來，以及可以從中學到什麼。

主題 62 自駕車的未來是什麼？

想像一個沒有塞車的世界，所有的車子如同河流一般湧入高速公路。[1]在這個世界，車禍會比現在少了 90% 左右，[2]也不需要巨大的停車場，[3]你可以在通勤的時候坐下來吃東西，或者是睡一會兒。[4]

當然，這是自駕車能成為主流運輸工具的願景。打從谷歌在 2015 年，在加州的山景街道上開始測試他們的自駕車原型，[5]這些自駕車就擄獲眾人的想像力。

所以未來自駕車會有什麼樣的發展呢？

引擎蓋下

首先，讓我們看看車子如何自己駕駛。自駕車需要兩件事：關於它自身所在環境的資訊，以及如何穿越該環境的策略。[6]

自駕車有很多偵測器與資料，藉以知道本身所在的位置與周圍環境。自

駕車透過全球定位系統[7]跟「慣性導航系統」（inertial navigation systems）[8]（其是與車速表很類似的偵測器）與地圖來找到自身位置。[9]

　　一旦汽車知道自己所處的位置，它需要建立一個精準的模型，顯示周遭的環境：其他汽車、行人、街道號誌與更多其他資訊。[10]為了建立這個模型，汽車用地圖理解它所處的環境。這些並不是一般的谷歌地圖，而是精準到每一英寸的地圖，同時包含了每一個人行道路緣的高度，與每一個交通號誌的位置。[11]

谷歌與 Waymo 合作的自駕車原型。

資料來源：Wikimedia[12]

　　然後，為了要辨識道路上的物體，自駕車的車頂有一個旋轉的雷射光裝置，稱為 LIDAR，用於建置周圍環境的三百六十度模型。但是，LIDAR 只能跟自駕車說周圍有障礙，而不能確知障礙物是什麼。為了解決這個問題，自駕車使用車上搭載的相機。[13]最後，自駕車可以建立一個周遭環境的 3D 模型，包含了街景與旁邊的物體。[14]

　　接著，自駕車要制定行駛策略。根據當時的車速與位置，汽車計算大量可能的行動，或者是「短期計畫」（short-range plans），用來更為接近目的地：轉換車道、轉彎、加速等等行動。然後移除會靠近障礙物的計畫，再依

照安全性與車速來對剩下的計畫排序。當自駕車選擇最好的計畫後，會將指示送至輪胎、煞車與「油門踏板」來讓車子移動。所有的運算發生在五十毫秒內。[15]

學習中的汽車

值得注意的是，我們不可能教會汽車所有的駕駛規則，我們可以先設定幾個基本規則，如「綠燈代表前進」，但是因為汽車可能碰到許多獨特的情境，我們不可能將相對應的規則都寫入汽車的電腦中（例如汽車開在下著毛毛雨的三線道的高速公路上，然後有一輛十四英尺的汽車以時速四十三英里的速度超車）。

所以自駕車的開發者改為教自駕車學習辨識特定的模式來學習駕駛。例如自駕車發現有一個自行車的騎士伸出左手，自行車騎士有90%的可能性會左轉——自駕車可以猜測左手是要左轉的信號，而當自駕車未來看到伸出的手臂的時候，就會開始減速。如此一來，自駕車就可以在不需要人類的參與下，學到如何避開自行車（即使自駕車不知道自行車是什麼）。[16] 這就是機器學習，最簡單的說法是：一個電腦藉由觀察到的模式預測可能發生的事情。[17]

計程車 vs. pod

自駕車的技術已經發展出來，問題只是何時會成為主流。現在有關於自駕車朝主流發展的方式，有兩種競爭的發展方向——我們分別稱為「計程車」與「無人計程車」——有些公司已經在各自的領域激烈辯論。

朝「計程車」方向走的自駕車公司，認為自駕車的發展會像是優步一樣：一整隊的電動自駕車，在城市中不停的移動，到處接駁乘客，而且永不停止。每個人都利用自駕車移動，但是沒有人擁有這些汽車。[18]

在這個領域的是共乘公司，如優步，他們很努力在發展自駕計程車。[19]Lyft 跟 Waymo 合作，結合兩個公司的核心價值——建立共乘網絡與創新自駕車科技——希望也能開發出自駕計程車。[20] 在 2018 年，Waymo 在美國鳳凰城也推出自駕計程車服務 Waymo One。[21]

傳統的車輛製造商也在這個領域奮鬥，他們跟很多軟體新創公司合作以獲得自動駕駛的技術。在 2017 年，福特公司投資自駕軟體公司 Agro 十億美元，[22] 之前通用汽車公司則買下了類似的新創公司 Cruise Automation。[23]

自駕計程車並不是自駕技術的唯一贏家，例如 Waymo One 因為與谷歌合作，所以佔有很多優勢。谷歌地圖有一個共乘分頁，會顯示如優步、Lyft 與其他當地的共乘服務的價格。[24] 許多使用者可能會直接到這個分頁看價格——所以谷歌理論上可以藉由在這個分頁促銷 Waymo One，將顧客從優步與 Lyft 吸引到 Waymo One，使對手無法與其競爭。甚至假如在谷歌地圖的十億個使用者 [25] 中，有一部分的人投入到 Waymo One，優步與 Lyft 在經營上則會遭遇到很嚴重的問題。更進一步來說，理論上，如果谷歌限制優步與 Lyft 對於谷歌地圖 API 的使用（他們重度依賴谷歌地圖），這兩家公司將更難以經營。

在「pod」領域的公司則是覺得要讓自駕車可以載運人類在高速公路運行，需要花費很多時間開發；自駕車的原型長期以來都朝著能以更高的車速與在高速公路上行駛努力。[27] 所以有些新創公司改將賭注下在行駛速度較慢與低風險的自駕車應用上，[28] 這類型的自駕車速度通常不會高於每小時二十五英里。[29] 很多這類型的「汽車」——如同下頁圖的倫敦接駁車 [30]——看起來一點都不像是汽車。[31]

在「pod」領域的新創公司有幾項創意應用的案例，May Mobility 公司提供無人駕駛的 pod 供員工在不同辦公地點移動。[32] 新創公司 Nuro 知道當自駕車在高速移動時，還不足以安全地運送乘客，但是已經可以運送雜貨，

Nuro 也已經在鳳凰城成功推出物流 pod。[33] 這些公司押注在可以快速掌握自駕車的有限使用案例，並且知道可以在更先進的領域擊敗優步與 Waymo。[34]

一輛外觀奇特的「pod」，在倫敦的格林威治附近沿著固定路線繞行。這個實驗是為了檢驗是否可以在特定地區藉由慢速的接駁車來移動。

資料來源：Wikimedia[26]

　　亞馬遜是一個很有趣的案例，正在試探以上自駕車的兩個潛在的未來發展。從一方面來說，亞馬遜想加入自駕計程車，假如真的如同某些分析師所想的，亞馬遜跟 Lyft 合作的話，可以提供 Prime 會員相當多的折扣，將優步踢出市場。[35] 而在 pod 部分，也有報導說亞馬遜考慮建立自己的自駕車物流網絡，用於更快地運送 Prime 包裹。[36]（這部分甚至可以同時做到兩者，無司機的 pod 可以同時運送人類與貨物，以便將效能最大化。）

　　以上這些科技尚未通過測試階段，但是情形未來幾年似乎會有所變化。

減速丘

最後，我們將會介紹自駕車在進入主流市場前，還必須面臨的幾個重大挑戰。

第一個是技術上的，自駕車依然有安全上的顧慮。2016 年，一輛處在「自動駕駛」模式的特斯拉自駕車，被指稱造成一名男性的死亡；[37] 而在 2018 年，一輛優步的自駕車在亞利桑那州撞死一名女性。[38]

第二點是法律上的。印度在 2017 年為了保護司機的工作，禁止自駕車；[39] 歐洲則是在通過允許自駕車的法律上有過於緩慢的惡名，[40] 甚至在美國也只有少數城市允許自駕車的測試。[41]

第三點，或許也是最困難的一點，是倫理問題。一輛自駕車在可能傷害他的駕駛與行人之間該如何選擇。[42] 假如自駕車公司設定自駕車做出選擇，這是不是意味著自駕車被設定為可以殺人？[43] 為了將倫理上的兩難透明化，哲學家與科技專家呼籲「演算法透明化」（algorithmic transparency）：自駕車的演算法原則必須為大眾所知悉。[44]

主題 63　機器人會奪走我們的工作嗎？

製造業的機器人已經讓數千名勞工失業，也導致了社會貧窮加劇。[45] 在 2015 年公布的報告顯示出更為嚴峻：預估自動化會讓四百六十萬個辦公室與行政職缺在 2020 年消失。[46] 換句話說，技術職與非技術職的勞工都會面臨這個問題。看來機器人最終會取代掉我們的工作。

或者說，是否真的會如此？

科技與勞工的經濟學

經濟學家將科技分成兩個類別：勞動力啟動與勞動力取代。勞動力啟動科技是可以幫助勞工更有生產力，例如個人電腦與網路使得寫文章、尋找資訊或者是同儕溝通更為容易。而勞動力取代科技則是如之前提到的自駕車與工業機器人。如同名稱所指涉，勞動力取代科技能帶走對於人類勞工的需求。以上兩個相反的力量持續在拉鋸。[47]

誰會贏呢？結果可能無法預期。例如，想想自動櫃員機，它在 1970 年代開始盛行，大部分的銀行客戶不需要再跟銀行的櫃員對談。很多人認為這會讓櫃員工作消失。但是結果並非如此。[48]

因為自動櫃員機，銀行只需要少數的櫃員在銀行分行工作。但是這使得分行的營運費用降低，銀行得以增加更多分行。回過頭來，銀行需要雇用更多的櫃員。結果從 1970 年的三十萬名櫃員，到 2010 年擴增到六十萬名。[49] 換句話說，自動櫃員機**創造**櫃員工作，而非取代。

這對於處在人工智慧與機器人時代的我們來說，代表著什麼呢？

竊取工作的正反案例

強烈的證據顯示自動化會讓很多工作機會消失。在 2013 年，牛津大學的研究顯示，在 2033 年的時候，美國可能將有超過一半的工作被自動化取代。[50] 具有較低技術的人尤其危險。歐巴馬總統的首席經濟顧問發現時薪低於二十美元的工作，有 83% 可能被自動化取代，而時薪超過四十美元的工作，則僅有 4% 會被取代。[51] 更進一步來說，僅需要高中學歷以下的工作，有 44% 的機會會被自動化取代，而需要大學學歷的工作，則僅有 1% 可能被取代。[52] 換句話說，機器人會取代我們的工作位置，而這主要會威脅到較低教育程度與低薪資的勞工。

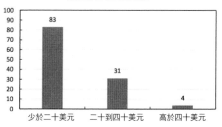

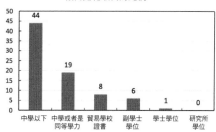

一份 2016 年的報告顯示低薪、較不需要相關技能與教育程度較低的勞工最有可能因為自動化而失去工作。

資料來源：經濟顧問委員會[53]

　　但是也有資料顯示機器人**無法**取代我們的工作。在 2010 年代中期，美國的失業率是低的（低於 2017 年的 5%），勞工在他們工作崗位待得比較久，薪水也微幅上漲。[54] 這很難顯示機器人正大規模偷走我們的工作。

　　將視野放得更廣些，自動化可以幫助人們從需要手工的工作解放出來，專注於需要人類心靈的工作。例如未來在組裝生產線上的工人數目將會減少──但是有更多的工程師、程式開發人員與經理人。[55] 科技創造了整個產業，如資訊科技與軟體開發，[56] 自動化不只是創造科學、科技、工程與數學（science, technology, engineering, and math, STEM）的工作，例如自駕車需要更多技師與行銷人員。[57]

　　所以結論是什麼？沒有人可以達成一致意見。專家們意見分歧──有時也頗為滑稽。例如有作者投書《紐約時報》說「長期的工作殺手不是中國，而是自動化」。[58] 但有位在《連線》雜誌上的作者則說「答案很明顯不是自動化，而是中國」。[59]

已經擁有與尚未擁有

大多數的學者認為高技術的勞工可以從自動化中得利，而低技術勞工則大都會有所損失。[60] 換句話說，貧者越貧，富者越富。

一個減輕這個問題的方法是教育。工作機會相當多，除非情況有所改變，否則不會有足夠的勞工可以填補這些空缺。在 2015 年，勤業眾信聯合會計師事務所估計在 2025 年前，製造業會因為自動化而增加三百五十萬的工作機會——但是當中的二百萬個工作機會，因為沒有夠多有技術的勞工，無法被填滿。[61] 為了解決這個問題，有相關的提案推出，提供當學徒的機會，幫助勞工上手，並且在社區大學投資技職教育，以及在高中與大學提供 STEM 教育。[62]

某些更為基進的建議也被提出。伊隆・馬斯克預估自動化會讓失業率提高到 30% 到 40%（同樣，沒人有認同這個自動化的影響），所以他提出「普同基本收入」（universal basic income）。在這個方案下，政府會送每一個人一張支票，這張支票是他認為用來對抗貧窮與保護經濟避免崩盤。馬斯克的普同基本收入是政府向機器人收稅來支付。[63]

比爾・蓋茲很早就提議向機器人收稅——或者換言之是向雇用機器人的公司收稅。贊成者認為這些收入可以資助人類適合的工作，例如照顧孩童。[64]

白領階級的危機？

有些學者站在相反的立場，認為白領階級的工作機會如同藍領階級，即使沒有更嚴重，也面臨相同的危機。李開復認為沒有更多經濟誘因促使將低技術與低薪的工作，如咖啡烘焙師，進行自動化；相反的，公司在尋求節省支出的時候，會減少具有技術與高薪的工作，如財務分析師。[65]

的確有些例子顯示人工智慧能設法達到跟人類一樣專業的工作表現。一個名為阿美妮雅（Amelia）的人工智慧機器人證明，在銀行業、保險業與電

信公司的客服工作上表現得很好；它利用如同人類一樣的臉部表情與手勢，試著對來電的客戶表達同理心。當它經手越多的客戶之後，表現越好。[66]

即使是較高技術的工作也開始自動化。一間日本保險公司利用 IBM 的華生人工智慧取代了三十四名員工，而在貸款財務業也有越來越多的工作被自動化取代。[67] 人工智慧無法取代醫生與律師，但是某些人工智慧適合做研究型的律師助理，機器人也可以做某些手術——而費用只需要人類進行手術的一部分而已。[68]

主題 64　你如何製作影音假新聞？

在 2017 年，一家名為 Lyrebird 的加拿大公司發布了唐納‧川普、巴拉克‧歐巴馬與希拉蕊‧柯林頓的聲音檔案，內容是他們大聲讀著各自的推特文章。[69] 這只有一個問題：他們當中沒有一個人真的讀出這些推特文章——這個聲音檔案是假的。[70]

藉由新科技，你可以創造出一個令人信服、但是偽造的影片與聲音檔案，這只比單純模仿要快上許多。[71] 在假新聞的時代，很多人不再相信在網路上聽到的新聞，而是藉由影片與聲音檔案來確認哪些事情真的發生。但如果連影片與聲音檔案也能造假，我們就沒有什麼事情可以信任了。[72] 所以假影片與聲音檔案是如何製作的呢？

這些「深度虛假」的內容是由神祕科技「生成對抗式網路」（generative adversarial networks, GAN）所產生的。GAN 是一種名為神經網絡的科技的特殊版本。[73] 所以在我們解釋什麼是 GAN 之前，先讓我們來看看神經網絡。

神經網絡

　　你的大腦的學習是經由實驗、獲取回饋與調整。[74] 例如，你剛開始烘焙，希望做一個蛋糕。你隨機混合了麵粉、糖、雞蛋、奶油與其他配料，用擀麵棍在上面來回滾動，然後送進烤箱，在烤箱內的時間也是隨機決定，然後看會出現什麼結果。有個朋友吃了那個蛋糕，給你一些意見：太甜了、還沒烤熟且需要更多巧克力。你稍微調整了配方以符合朋友的意見。然後你朋友再試吃一次之後，可能會覺得比較喜歡，但是仍然有些建議。重複這個過程，最後你會調整做法到可以成為蛋糕烘焙大師——甚至不需要一本食譜。你藉由這個方法學習，是因為你的大腦有「神經網絡」。[75] 這是由可以彼此連結的細胞、稱為神經元所構成的。[76]

　　為了讓電腦更為強大，電腦科學家將電腦模擬為你大腦中的神經網絡，稱為「人工神經網絡」，但很多科技專家將其只稱為「神經網絡」（名稱會讓人產生些困惑）。[77] 就如同蛋糕的例子，一個人工神經網絡會追蹤許多變數，並且給予變數權重：奶油的數量、烘焙的時間，或者是烤箱的溫度，以上只是一部分的例子。[78] 當你給予神經網絡回饋，它會調整權重，以便更接近正確答案，就如同你根據朋友的意見調整配方。[79]

　　神經網絡不可思議地強大：可以自動更正你手機上的文字、擷取垃圾郵件、翻譯語言，或者是辨識你的手寫文字，以及其他許多面向。[80] 神經網絡很擅長辨識，但它們不是被設計來產生新內容，例如假影片與聲音。[81] 為了達到這個目的，我們來看神經網絡更為強壯的變種版本。

生成對抗式神經網絡

　　在「生成對抗式神經網絡」，或者稱為 GAN 中，你建立兩個神經網絡，並且彼此替換。「生成器」網絡試著做出某些虛假內容，而「判斷器」則猜測內容是否由生產者產生，或者是真的內容。[82]

這兩個網絡會進行競賽，生成器會試著做出更有說服力的造假內容，而判斷器則試著去做更好的辨識。[83] 這兩個網絡彼此學習，持續改進，直到生成器產生令人不可思議且令人信服的內容。[84]

例如，想像你藉由生成對抗式網絡產生一位美國執行長發表演說的假影片。你建立一個生成器與判斷器網絡。原先，這兩個網絡不知道要做什麼，所以生成器就產生一個人說義大利語的影片，而判斷器不知道是假的。所以你就給判斷器真正美國執行長說話的影片。從這個影片，判斷器知道美國執行長通常是說英語。所以判斷器開始拒絕說著其他語言的影片。生成器知道這點之後，它開始試著製作不同語言的影片來欺騙判斷器。最後，生成器發現一個說英語的影片通過判斷器的檢驗。這個來來回回的過程，會持續到生成器產生令人信服的假影片。[85]

所以，我們要如何知道看到的總統候選人發表煽動人心的影片是假的呢？[86] 沒辦法——但是我們至少知道造假者是如何製作假影片的。

主題 65　臉書為什麼要買下一家製作虛擬實境頭盔的公司？

臉書在 2014 年收購一家製作名為 Oculus Rift 的虛擬實境（virtual reality, VR）頭盔的公司時，震驚了世界，這家公司的頭盔主要是用於電腦遊戲。[87] 一家社交媒體公司為什麼要買下遊戲公司，一開始讓人覺得很奇怪。[88]

這樁購買沒有帶來立即的財務效益。虛擬實境面臨著客戶成長的遲緩，[89] 這可以從 Oculus Rift 推出後，就不斷的調低價格做為證據。[90] 臉書的執行長馬克・祖克柏在 2016 年承認這樁收購案是一個長期策略，他們需要另一個十年來發展虛擬實境，以開發大眾市場。[91]

　　臉書想像虛擬實境將會是溝通傳播的未來。[92] 不只是透過文字、影像與影片來溝通，祖克柏解釋在未來，人們可以利用虛擬實境體驗運動比賽、大學課程、看醫生，以及與朋友一起冒險，這些都可以在舒適的家中達成。[93]（批評者說這像是一個遙不可及的夢想，要人們載著厚重與昂貴的頭盔，只是為了要跟朋友聊天，這很快就會喪失新鮮感。[94] 但是臉書正在優化虛擬實境頭盔，未來有一天，厚重的頭盔會跟雷朋墨鏡一樣輕便。[95]）

　　如果祖克柏是正確的，那麼擁有聚焦社交網路的 Oculus Rift，對於臉書而言就是相當有價值的。臉書長期以來的策略就是最大化使用者使用臉書的時間，[96] 更多的時間就等於有更多顯示廣告的可能性，以及更多的使用者資料可以讓定向廣告更為準確。[97] 臉書可能試著讓使用者花大量的時間在 Oculus Rift 上，接著臉書將新形式的廣告推送給使用者，如置入性行銷、類似遊戲的廣告，或者是演唱會的沈浸式廣告，都是可能的想法。[98]

　　這個理論的證據是，在 2017 年，臉書開始讓 Oculus Rift 的使用者在臉書上直播虛擬實境影片。[99]Oculus Rift 的使用者可以在虛擬實境中，聚在桌子旁邊，進行一些類似回答觀眾問題的行為（頭像可以「抓取」包含觀眾回應的貼文）、聊天或者是在空中塗鴉。[100]

臉書上的虛擬實境即時影片：與教授討論。

資料來源：臉書 [101]

推出這個新功能是一個很聰明的策略，因為這個功能在虛擬實境圈子提高討論熱度，[102] 會鼓勵好奇的旁觀者購買頭盔。

所以為什麼臉書收購一家製作虛擬實境頭盔的公司？不只是為了電腦遊戲，臉書把虛擬實境視為運算與社交網路的未來，並且希望能成為領導者。[103]

主題 66

為什麼很多公司害怕亞馬遜？

2018 年，亞馬遜購併藥品運送公司 PillPack，這家公司被允許透過郵寄方式運送藥品給美國客戶。[104] 藥局產業感到恐慌，股價因為投資人逃離，紛紛慘跌：Rite Aid 跌了 11%，Walgreens 則是 10%，而 CVS 一夜之間跌了 6%。[105]

很少有公司可以在只是剛踏入對手的領域時，就足以讓對手因為恐懼而股價大跌。分析師說當亞馬遜成為對手的時候，沒有任何一個領域是安全的，[106] 亞馬遜打趴了從書籍到雜貨、電影與硬體等等的對手。[107] 亞馬遜是如何這般強大，它的下一步又是什麼呢？

令人畏懼的科技

亞馬遜有大筆金錢，可以侵入其他大型科技公司的專門領域，也使得這些公司很緊張。

有件事情讓谷歌很擔心，亞馬遜已經成為許多消費者偏好的搜尋引擎，超過一半的商品搜尋都是先從亞馬遜下手。[108] 這意味著許多公司開始將廣告預算移到亞馬遜，因為顧客都在那裡。此外，因為 Alexa 成為最大的語音運算平台，越來越多的消費者單純透過 Alexa 購買商品——完全略過谷歌與網頁瀏覽。[109]

臉書也因為亞馬遜進軍影音串流與社交媒體而倍感威脅，因為亞馬遜在2014 年收購了電腦遊戲即時串流服務 Twitch。[110] 在收購之後，Twitch 開始發展出即時串流脫口秀、音樂、podcast、健身與其他更多內容，[111] 直接與臉書的即時串流服務 Facebook Live 對抗。[112] 亞馬遜的 Prime Video 也逐漸在電影市場贏過臉書的 Facebook Watch。亞馬遜在廣告的成長，也嚇到了臉書。在 2019 年，臉書在提交給美國證券交易委員會的年度檔案中，正式將亞馬遜列為競爭對手。[113]

亞馬遜也威脅了蘋果珍貴的硬體產品與語音服務。Siri 過去是主要的語音助理，但是 Alexa 現在獲得了更大的市場。[114] 蘋果傳統上是智慧裝置的領導者，但是亞馬遜已經推出許多利用 Alexa 的智慧裝置。Echo 喇叭、智慧微波爐、掛鐘、車輛配件與其他裝置。[115] 在 2017 年，娛樂專家開始說 Echo 品牌已經比蘋果更酷了——這對蘋果是一個壞消息，因為他們依靠品牌獲利，也因為品牌被取代而獲利減少。[116]

最後，當微軟執行長薩蒂亞・納德拉在 2014 接掌微軟的時候，將所有資源賭在雲端運算上，專注於 Azure 部門。[117] 但是亞馬遜的網路服務仍然比 Azure 有更多的客戶，並且賺進更多的錢。[118]

廣告、社交媒體、硬體與雲端——Azure 都有觸及以上領域，而它的對手也相當緊張。但是，在目前而言，亞馬遜不只是一家科技公司。

不只是零售商

亞馬遜在擴張它的電子商務帝國上，是出了名的無情。在 2009 年，亞馬遜注意到一家線上零售商店的後起之秀 Quidsi，他們在 Diapers.com 上販售嬰兒用品。亞馬遜派了一位行政人員去跟 Quidsi 的創辦人吃午餐，並且表明要買下他們的公司。Quidsi 的創辦人拒絕了，[119] 之後亞馬遜就大砍 Diapers.com 的價格，[120] 並且推出了「亞馬遜媽媽」（Amazon Mom）方案。

這個方案花費了亞馬遜數百萬美元，但是摧毀了 Quidsi，迫使 Quidsi 最後以極大的折扣賣給亞馬遜。[121]

　　所以當亞馬遜在 2017 年藉由購買全食超市，來勢洶洶地進軍雜貨市場時，也不會令人感到意外，這個舉動使得雜貨連鎖商 Kroger 的股價一夜之間大跌 8%。[122]（有注意到一個模式了嗎？）

亞馬遜長久以來都以摧毀書店聞名於世，現在他們開始有自己的實體書店了。

資料來源：Shinya Suzuki[123]

　　但是亞馬遜不只是要做零售商，亞馬遜開始大動作進軍健保領域。例如買下 PillPack，移除了藥局最後的防守優勢：販售處方箋藥物的合法權利。[124]（現在你可以在線上同時購買藥物、早餐穀片與充電線。）

　　亞馬遜也開始有了家庭健康的產品線，[125] 提供工具讓消費者在家中進行健康檢查，[126] 並且他們也註冊了讓 Alexa 注意使用者的感冒與咳嗽。[127] 將這些組合起來，你可以想像在未來當 Alexa 發現你生病了，亞馬遜就寄給你健康檢查工具，然後你將資料送回去，就會有虛擬醫生開立藥物，接著 PillPack 就將藥物寄給你。[128]

　　2018 年，亞馬遜推出他們對健保最大的攻擊，他們與摩根大通與波克夏合作，推出對健保「減少浪費」與「移除中間人」的宣傳。[129] 我們認為這是暗藏玄機的話語，他們想要藉由人工智慧與其他新科技，取代醫生、藥師與保險業務。因為亞馬遜並沒有雇用任何因為這項計畫而失業的人，所以他們可以徹底摧毀這個產業，並且重建新的產業樣貌。

核心競爭力

　　為什麼亞馬遜幾乎在它每一個涉足的領域都表現得很好呢？答案是：因為亞馬遜不是一家科技公司，也不是雲端公司，更不是尿布、書籍或者是健保公司，它是一家基礎設施公司。[130]

　　亞馬遜在電子商務上幾十年來的成功，是建立在數百個具有策略考量的倉庫、[131] 擁有數十萬員工的巨大配送中心，[132] 以及可以與 FedEX 或者是 UPS[133] 匹敵的貨運網絡。整體來說，這個網絡是居於首位的。[134]

　　亞馬遜網絡的一個弱點是生鮮食物，因為無法像書籍一樣可以長久保存與長距離運輸。[135] 但是亞馬遜藉由收購全食超市補足這部分。[136] 四百個全食超市的店面，大部分位於都市區，他們馬上就成為亞馬遜的四百個倉庫，可以快速運送新鮮食物到都市的消費者手上。[137]

　　亞馬遜專長於倉儲與貨運基礎設施，所以可以很容易將任何到手的貨物進行銷售，例如藥物。更進一步來說，因為亞馬遜是數位公司而非實體公司，所以可以很容易擴張，只需要在網站上加了點東西，以及在物流上加些設定。相較之下，沃爾瑪要開一家新店面需要花費三千七百萬美元。[138]

　　亞馬遜的基礎設施不只是應用在實體貨品上，亞馬遜網路服務的霸主地位也顯現出亞馬遜的**數位**基礎設施有多好：伺服器、資料中心與相類似的服務。[139]

　　簡而言之，亞馬遜對於供應鏈的嫻熟，使它進入任何市場都可以快速成

真。並且，隨著進入每個新的市場與推出每項新的產品，亞馬遜就可以取得更多的資料，並且將之用於業務成長。[140]

反托拉斯行動？

當亞馬遜從一個線上書店成長為包羅萬象的強大公司，開始有人把他們當作目標，一點也不讓人驚訝。人們開始抗議亞馬遜讓許多公司與政府屈服，[141] 很多人也認為亞馬遜已經開始獨大壟斷市場，需要被拆分。[142]

需要拆分亞馬遜的案例很明顯，他們長久以來都有著反競爭的行為。他們曾經削價競爭——如同前面提過的 Diapers.com[143]——以及在購併全食之後，亞馬遜被攻擊說他們封殺了未來雜貨運送新創公司進入市場的可能性。[144] 亞馬遜也是典型的美國垂直合併者，[145] 將語音助理、購物、雲端運算與媒體都納入麾下。[146]

簡單來說，亞馬遜展現了壟斷的傾向。問題是，美國的反托拉斯法主要是針對預防水平合併，或者是正面交鋒的競爭者合併——如美國禁止網路服務提供商的巨人 Comcast 與線上時代華納在 2015 年的合併案。[147] 所以如果要利用反托拉斯法對抗亞馬遜，必須主張亞馬遜的垂直整合，導致創新停止與市場不公平的傾斜。[148]

假如亞馬遜**的確**被拆分，亞馬遜網路服務是最有可能被分出去的。亞馬遜網路服務提供給與亞馬遜核心業務很不一樣的人服務，同時也有著很不一樣的商業結構——這與亞馬遜的零售業務、Prime 與 Alexa 很不同——所以獨立成為一家公司是最合理的。[149] 事實上，亞馬遜網路服務如果獨立出來，可能會因為成為一個純雲端公司，相較於與其他業務單位混合，而表現得更好。[150]（同時，微軟的 Azure、谷歌雲端、IBM 雲端，以及亞馬遜網路服務的其他競爭者，都與各式各樣不相干與發展緩慢的業務單位捆綁在一起——Azure 也許是微軟的重心，但仍然不是單一產品。）基於這些理由，

我們不會訝異有一天亞馬遜網路服務將會主動獨立出來。

　　但即使沒有亞馬遜網路服務，亞馬遜仍然會持續驚嚇著世界上許多公司。

結論

你永遠有學不完的東西——無論是關於科技或者是其他——但是你目前已經看完了本書的主要內容。

我們認為本書的案例介紹與分析，對於科技背後包含了些**什麼**與**為什麼**是如此運作，提供給你更好的認識。我們希望你準備好開始下一個很棒的應用程式、形塑公司的商業策略與理解下一個科技的大新聞。

在你開始下一個里程前，我們還要介紹一些東西給你。

參考資料

現在你已經讀完了本書的主要內容，希望本書會成為你繼續前進時有用的參考資料。

為了這個目的，我們在本章之後介紹了一些名詞解釋。我們定義了許多的科技與商業名詞，包括了在本書主要內容沒有時間介紹的名詞，例如關於主要程式語言的解釋、商業術語，以及公司的不同類型的工作內容。

保持聯繫

想要聽到我們對科技產業的預測、現今科技事件的分析與解析科技產業的技巧，請追蹤我們的領英網站！

你可以在以下網址找到我們：

- linkedin.com/in/neelmehta18
- linkedin.com/in/adityaagashe

- linkedin.com/in/parthdetroja

　　如果你分享一張本書的照片在領英上，並且標註為本書的三個作者，我們會與你聯繫、幫你按讚、留言，或者是分享你的發文，幫助你擁有更高的點擊率與跟隨者。

謝謝你！

　　我們希望你喜歡本書，也希望你能從中學到對你的人生與事業有用的知識。寫作本書對我們而言是很有趣的事，所以我們很開心能與你一起進行這趟旅程。假如你覺得本書很有用，我們希望你能在亞馬遜上留下評論，並且推薦給你的朋友。

　　我們衷心感謝你的閱讀，期待下次再見！

名詞解釋

要怎麼建立一個自己的網站呢？你可以看看一般的科技部落格，上面會寫著：開立一個 GitHub 的倉庫；利用 Python 或者是 Ruby on Rails 建立後端；提供幾個 HTML、CSS 與 JavaScript；建立幾個 RESTful API；調整 UI/UX；在 AWS 上建立 MVP。喔，還有取得一個 CDN。

嗯？

軟體世界有許多難以理解的術語與熱門關鍵字。但是我們會解釋某些常見的詞彙，可以幫助你跟技術人員溝通，而不像是你得上一門外語課程。

程式語言

所有的軟體都是用程式碼寫成，就好像食物是根據食譜所製作出來的。如同你可以利用英文、孟加拉語，或者是土耳其語寫食譜，你可以利用不同程式語言寫軟體，如 Ruby、Python 或者是 C。每種程式語言有其長處與短處，都有它所使用的特殊情境。我們接著會看一下某些最流行的程式語言。

Assembly（組合語言）　電腦是用 1 跟 0 去思考，組合語言只是比較美觀的 1 跟 0 的組合。程式設計師很少利用組合語言寫程式，因為需要花費很多的心力；他們都使用「較高階語言」，然後由電腦轉為組合語言後執行（其他語言都是較高階的，或者是更為「抽象」）。就如同駕駛一輛汽車，你不是直接設定每個輪子的速度，而是掌控方向盤與腳踏板。這相對而言比較容易，此外，你也不知道如何設定輪子的速度。

C/C++　某些最老的程式語言目前仍然被普遍應用。它們執行速度很快，但是很難寫。需要將效能最大化的程式設計師（如寫講究圖形效果的遊

戲、物理模擬、網站伺服器，或者是作業系統）會傾向使用 C/C++。

C#（C-Sharp）　微軟推出的程式語言，往往用於桌面應用程式。類似 Java。

CSS　一種網頁開發語言，與 HTML 一起使用，用於使網站看起來美觀。CSS 可以讓你更改網頁的顏色、字形與背景等等。也可以用於指定不同的按鈕、標頭、影像等等在網頁上應該有的位置。

Go　一種新興的程式語言，由谷歌所開發，通常用於網站伺服器。

HTML　用於撰寫網頁的語言。你可以利用 HTML 創造連結、影像、標頭、按鈕與網頁上的所有元件，每一個元件稱為「標籤」（tag）。例如，稱為 <img> 的標籤用於呈現影像。

Java　世界上最流行的語言之一，Java 用於開發安卓應用程式、網站伺服器與桌面應用程式。它以「一次編寫，到處執行」這個標語聞名——同樣的 Java 應用程式可以在任何裝置上立即執行。[1]

JavaScript　這是用於使網頁具有互動性的程式語言。每個你所使用的網頁應用程式，從臉書的 Messenger，到 Spotify、谷歌地圖，都是使用 JavaScript。現在，開發者也使用 JavaScript 開發網站伺服器與桌面應用軟體。**也被稱為 ECMAScript 或者是 ES。**

MATLAB　一種特化（specialized）與商業化的程式語言，通常用於工程、科學與數學模型。大部分用於研究而非開發軟體。

Objective-C　之前用於開發 iPhone、iPad 與 Mac 應用程式的程式語言，目前大家傾向用 Swift 取代 Objective-C。

PHP　一種用於開發網站應用程式的語言。近年來，已經不再是開發者所偏好的語言，但是臉書仍然是使用客製化的 PHP「方言」所開發。[2]

Python　一種流行且容易學習的語言，在介紹計算機科學的課程上被普遍使用。廣泛用於資料科學與網站應用程式。

R　一種資料分析語言，可以繪圖、摘要與解譯龐大的資料。

Ruby　一種常與 Ruby on Rails 搭配，用於撰寫網站應用程式的語言。

SQL　結構化查詢語言（Structured Query Language, SQL）是用於資料庫的語言。就如同 Excel，可以使用列表、紀錄列與欄位行。你可以執行「查詢」用於過濾、排序、結合與分析資料。

Swift　蘋果用於開發 iPhone、iPad 與 Mac 應用程式的程式語言，用於取代 Objective-C。

TypeScript　微軟擴充版本的 JavaScript，用於增加額外功能，可以讓建立大型應用程式更為容易。瀏覽器無法直接執行 TypeScript，所以你需要工具「跨編譯」（transcompile 或者是 transpile）TypeScript 為 JavaScript。

資料

　　人們喜歡將資訊儲放在 Excel 或者 Word 檔案當中，然而電腦偏好簡單的文字檔案。以下會介紹幾種流行的儲存「機器可讀的」資料的方式。

CSV　逗點分隔數值（comma-separated values, CSV），用於將資料儲存為簡單的表格，類似 Excel，但是更為簡單。這些檔案會以「.csv」結尾。

JSON　通常適用於網頁應用程式的資料儲存格式，它比 CSV 更為自由，可以將資料物件存於**其他**資料物件當中。例如，一個「個人」物件，可能包含了姓名與年齡的資料，就如同「寵物」物件（寵物的名字與年齡）。

XML　另一種文字為主的儲存格式。就如同 HTML，XML 利用標籤儲存與組織資料，也像 JSON 允許資料物件中擁有另一個資料物件。

軟體開發

　　為了像是軟體開發人員一樣說話，你需要知道以下的常用字與熱門關鍵字。讓我們來看看。

A/B tests（A/B 測試）　執行一個實驗，決定將哪個功能添加到產品上，通常是網頁相關產品。你會給某些使用者看某項功能的一個版本，再給其他使用者看另外一個版本。例如，亞馬遜會給一半的使用者看紅色的「立即購」按鈕，再給另一半使用者看藍色版本。然後他們會依不同的評量標準，例如銷售數量或者是點擊次數，決定哪個版本比較好，然後會讓所有使用者看最後的版本。產品經理與開發人員喜歡 A/B 測試，因為有助於科學化決定要如何改進軟體。

Agile（敏捷式開發）　一種軟體開發典範，其強調在短期內寫完軟體後立即給客戶看，然後獲取回饋，接著持續這個流程。例如，與其花費數個月或者是數年，推出一個巨大的最後成品，一個敏捷式開發團隊會著重在快速推出「最小可用產品」（minimum viable product, MVP），或者是一個簡單的原型。然後團隊會從使用者得到回饋，再不斷重複這個流程，用以改進原型，直到對結果滿意。

Angular　谷歌的網頁發展框架，用於建立網頁應用程式。某些受歡迎的網站，如特斯拉、那斯達克與氣象頻道（The Weather Channel），都是使用 Angular。[3]

Backend（後端）　應用程式與網站的幕後部分，使用者不會看到的內容。後端儲存資料、記錄使用者與他們的密碼，也準備網頁以便呈現在使用者面前。有一個類比：在餐廳廚房的廚師是後端，因為他們負責準備食物給顧客享用，即使顧客從未看過他們。

Beta　軟體的初期版本，通常是給測試者，以便在最後版本推出前，獲得使

用者回饋。

Big data（大數據）　從巨量資料中抽取有趣的洞察資訊，並沒有明確的定義資料要多「大」才算是大數據，但是如果一個資料集大到一個正常尺寸的電腦無法存放，就可能可以說是大數據。[4]

Blockchain（區塊鏈）　區塊鏈是比特幣背後的技術，讓去中心化交易得以實現。想像你不用優步的應用程式叫優步的車，或者是傳送訊息給某人，但不是經由像是臉書一樣的公司，又或者是中間不需有你的手機服務供應商。藉由區塊鏈，每個人得以分享每一個過去的互動紀錄，所以你不需要有中央政府控管一切。比特幣的每個使用者有過去所有交易的清單，所以沒有人或者是公司「擁有」比特幣。這也可以避免詐欺，因為如果有人想暗中做壞事，每個人都會知道。

Bootstrap　一個很受歡迎的網頁設計工具集，基本上是一個很巨大的 CSS 檔案，包含了良好設計的排版、字形與顏色，用於按鈕、標題與網頁上的其他元件。很多網站使用 Bootstrap 作為風格設計的第一步，它也是很強大的網站模板。

Caching（快取）　將資訊存放在電腦特定的位置，以加快存取的速度。就如同將你喜歡的披薩店的電話號碼存放在電話簿內，而不是每次都要上網搜尋喜歡的披薩店的電話號碼——這可以加快資訊的取得。

Cookie　網站存放在你瀏覽器的小紀錄，用以記憶你的資訊。例如，一個電子商務網站可以將購物車、偏好的顯示語言，或者是使用者名稱存放在 cookie 內。cookie 也應用在定向廣告上：網站可以將你的所在地與個人資訊透過 cookie 彼此傳遞，藉此了解你的喜好，以推薦你所喜歡的廣告。

Database（資料庫）　一個存放資訊的巨型資料表，就如同一個超級強大的 Excel 檔案。例如，臉書可以儲存所有使用者的資料在資料庫中，每個

使用者是一列，每一行則是使用者的個人資訊，如姓名、生日與出生地等等。

Docker　程式開發人員包裝應用程式的方式，它將應用程式所需要的所有東西打包，然後在一個「容器」內執行，每個人都可以在有支援的機器上執行 docker。這是非常便利的方式，你不需要有正確的電腦設定，同樣的容器可以在任何電腦以同樣的方式運作。Docker 比其他方式更有效益，因為其他方式需要啟動一個全新的作業環境來執行每個應用程式。

Flat design（扁平化設計）　極簡風格設計的趨勢，移除不需要的閃亮顏色、陰影、動畫與其他細節，將應用程式簡化到由簡單的顏色、幾何形狀與方格線構成。有些例子，如微軟的 Metro UI（如磚瓦的設計，用於 Windows 8 與 10），[5] 與 iOS 7 之後的扁平風格。[6]

Frontend（前端）　網站與應用程式中使用者可以看到的部分，前端包含了與使用者互動的所有按鈕、頁面與圖片。它從使用者獲取資訊，再送到後端，然後當後端把資料傳回來，就會更新使用者看到的內容。打個比方，餐廳的服務生是前端，服務生接了餐點訂單後，就送給廚師（後端），然後就將餐點送給顧客。

GitHub　一個提供空間存放數百萬的開放原始碼專案的網站，每個人都可以看到別人的程式碼，並且從程式碼組建軟體。在 GitHub 上的程式碼被放在倉庫（repositories，或者是簡寫為 repos）。人們可以在 GitHub 上複製（fork）一份倉庫的資料，然後改為自己的版本，開發者也可以提出需求（pull request），建議原始倉庫擁有者哪些地方需改進。

Hackathon（黑客松）　一種撰寫軟體的競賽，開發者組隊在短時間內，通常是十二小時到七十二小時開發出很酷與有創意的軟體。黑客松有些特徵，比如有高科技的獎項、科技公司招募人員參與、如 T 恤與貼紙等免費贈品與宵夜。

Hadoop　一個免費的大數據軟體套件，用於儲存與分析大量的資料，這些資料的大小是以 TB 與 PB 計算。

jQuery　最有名的網頁開發函式庫之一，jQuery 是一個 JavaScript 的工具，可使建立互動網站更為容易。

Library（函式庫）　開發者在線上發布的可被其他開發者再次使用的程式碼片段，例如 D3 是一個很著名的函式庫，使得 JavaScript 的開發者可以用幾行程式碼就寫出可互動的圖表與地圖。**也被稱為套件與模組。**

Linux　一個免費與開放原始碼的作業系統家族，是 Windows 與 macOS 的另外選擇。很多世界上最大的超級電腦與大部分網站伺服器都是使用 Linux。安卓也是建立在 Linux 上。

Material design（物質設計）　谷歌用於安卓與許多谷歌應用程式的設計框架，特色為明亮顏色、卡片式資訊表與滑動動畫。它與扁平化設計很類似，但是有扁平化設計所沒有的陰影、漸層與 3D 元素。[7]

Minification（極簡化）　用於移除程式碼當中不需要的文字的技術，**也稱為醜化或者壓縮。**

Mockup（模型）　在繪製線圖與製作原型之後，設計師會製作模型，繪製出的模型有相當高的完整度，會指定使用的字型、顏色、圖片與間隔等等，開發人員再根據模型進行開發。模型幫助設計師確保每一個細節都是完美的，並且在實際製作應用程式前，就能獲得一些建議。如同 UXPin 所說：「線框圖是骨架，原型則是展示行為動作，而模型就是皮。」[8]

Node.js　用於建立後端網站應用程式的 JavaScript 框架。

Open-source（開放原始碼）　一種哲學概念與行為，其認為任何人可以觀看、複製與修改軟體背後的原始碼（就如同讓你看餐廳的菜單，然後你可以根據菜單建議新餐點）。很多受歡迎的應用與平台都是開放原始

碼，如 Linux、安卓、火狐瀏覽器與 WordPress。[9] 很多程式語言與開發工具也是開放原始碼。[10]

Persona（人物誌）　設計師所創造出來的範例使用者，用來代表他們市場內的不同使用者類型。每個範例使用者都有名字、背景故事與人格個性。[11] 例如，領英的範例使用者可能包括代表學生的 Sanjana，代表招募人員的 Ricky 與獵人頭公司的 Jackie。

Prototype（原型）　應用程式或者是網站的早期版本，可以讓應用程式製作者測試使用者的反應。原型可以很複雜，如可以點擊的網站，也可以是很簡單的便條紙的堆疊。

React　臉書用於建立網站應用程式的開發框架，使用 React 的網站有臉書、Instagram、Spotify、《紐約時報》與推特等等。[12]

Responsive web design（響應式網站設計）　目的為使網站可以在所有螢幕尺寸上正常顯示的設計，包含在手機、平板與筆記型電腦等等。例如《紐約時報》可以比較大的螢幕（或者是印刷的報紙）顯示數欄的文字，而在較小的螢幕上則只顯示一欄。

Ruby on Rails　利用 Ruby 所開發的建立網站應用程式的框架，Airbnb、Twitch 與 Square 都是用 Ruby on Rails 所開發的，[13] **也被稱為 RoR 或者是 Rails**。

Scrum　敏捷式開發的一個分支，在 Scrum 的軟體開發過程中，開發團隊每幾個禮拜就推出幾個新功能，將他們的工作整合到幾次的「衝刺」（sprint），他們通常每天會有十五分鐘的站立會議，讓大家知道彼此的工作狀況，所以資訊可以很活絡地在整個團隊流通。

Server（伺服器）　用於營運網站與許多應用程式的電腦。伺服器通常沒有螢幕、觸控板、麥克風或者其他設備（大部分甚至沒有鍵盤，必須從遠端操作）。伺服器大部分都是著重在發揮其運算效能與巨大的硬碟。

Stack（堆疊）　一套建立應用程式或者是網站的科技，包含了應用程式所選擇的前端工具、後端工具與資料庫。打個比方，一輛汽車的堆疊可以涵括特定的汽車座椅的椅布、引擎、輪胎、頭燈與其他部分。

Terminal（終端機）　文字介面的電腦，開發人員使用終端機建立軟體。即使你不寫程式，終端機也可以幫助你做複雜的客製化，還有部分的應用程式只能在終端機執行，不能使用我們所熟悉的點擊介面。**也被稱為命令列、shell 或者是 Bash。**

Unix　包含 Linux 與 macOS 的作業系統家族。

Wireframe（線框圖）　一種簡單畫出應用程式或者網站骨架的方法，[14] 如同你在寫文章之前會寫的大綱。線框圖是畫在紙上的線條：按鈕與圖像變成方框、邊欄成為矩形，與文字變成彎曲的線條等等。線框圖可以幫助理解頁面上的元素要如何排列，而不需要等到開始寫程式之後才知道。[15]

科技字母縮寫

縮寫是軟體術語最令人感到挫折的部分，以下我們介紹常看到的縮寫。

AJAX　網站透過 JavaScript 與 API，取得其他網站資訊的方法。

API　應用程式介面（Application Programming Interface）：一個應用程式從其他應用程式獲取資訊的方式，或者是讓其他應用程式做某些事情。例如，推特的 API 可以讓其他應用程式代表使用者發文，ESPN 的 API 則可以讓你取得最新運動比數。

AWS　亞馬遜網路服務（Amazon Web Services）：可以讓你在雲端儲存資料與執行應用程式平台。

CDN　內容傳遞網路（Content Delivery Network）：將包含如影像、CSS 檔

案與其他「靜態檔案」由其他專門的網站伺服器提供，以加快存取速度。這些專門的 CDN 網站是專為存取檔案設計，而不是為了執行程式碼。因為它們在世界各地都有伺服器，所以會比一般伺服器存取檔案的速度更快。

CPU　中央處理單元（Central Processing Unit）：電腦或者是手機的大腦，負責執行作業系統與應用程式。

FTP　一個允許與網站互傳檔案的通訊協定。

GPU　圖形處理器（Graphics Processing Unit）：電腦中專門優化繪圖的部分。你可能聽過「硬體加速動畫」（hardware-accelerated animation），這就是使用 GPU。

HTTP　超文本傳輸協定（HyperText Transfer Protocol）：網路上用於觀看網頁的通訊協定。這個協定是由一些如何傳遞資訊的規則所組成。

HTTPS　安全超文本傳輸協定（HyperText Transfer Protocol Secure）：加密版本的 HTTP，用於保護線上溝通的安全性，如銀行業務、付款、電子郵件與登入網站等等。

IaaS　基礎設施即服務（Infrastructure-as-a-Service）：可以讓你租用其他公司的電腦空間的一套工具，以執行你的應用程式，如亞馬遜網路服務。[16]

IDE　整合開發環境（Integrated Development Environment）：一種特殊的應用程式，便利開發人員建立特定的軟體。例如 Eclipse 是一款開發 Java 與安卓應用程式的 IDE，它就像是主廚有特殊的廚房，當中有特定的工具與配料。

I/O　輸入／輸出（Input/Output）：讀取與寫入檔案的過程。它已經變成科技的同義詞了，很多新創公司使用「.io」作為公司網站網域名稱的結尾。

IP　網際網路協定（Internet Protocol）：用於在網際網路上的通訊協定，定

義資訊封包如何從一台電腦到另外一台。與 TCP 緊密相關，HTTP 就是建立在 TCP 與 IP 之上。[17]

MVC　模型－視圖－控制器（Model-View-Controller）：組織程式碼的方法，通常是建立在物件導向設計之上。很多網站與應用程式開發框架都是使用 MVC。

MVP　最小可用產品（Minimum Viable Product）：在敏捷式開發中，用於早期測試的早期原型。例如，線上鞋子銷售商捷步（Zappos）的最小可用產品，是他們的創辦人在當地商店拍下鞋子的照片，然後將其張貼到網站上——而當有人「購買」鞋子的時候，創辦人就會買下該商品，然後郵寄給消費者。[18] 最小可用產品是應用程式的簡單與早期的版本，用於觀察人們是否喜歡這個點子。

NLP　自然語言處理（Natural Language Processing）：人工智慧的一種形式，用於處理如何理解人類語言。

NoSQL　另外一種資料庫形式，是跟（你可能猜到的）SQL 不一樣的形式。NoSQL 強調的是與資料更為自由的互動，而不只是處理如 SQL 中的欄與列的資料。

OOP　物件導向設計（Object Oriented Programming）：一種組建程式碼的方法，可以讓人容易理解、再次使用與建立程式碼。你將所有東西都放置在物件當中，從介面元素如按鈕或者是圖，到如抽象概念的顧客與狗。例如，Snapchat 可能有以下的物件：使用者、快門、群組、貼圖、故事，或者是相機按鈕。每個物件有自己的相關資訊與動作；例如狗可能有名字與吠叫的動作。

PaaS　平台即服務（Platform-as-a-Service）：執行你應用程式的工具，你只需要將程式碼送給它們。[19] 與 IaaS 和 SaaS 的差異是複雜度。

RAM　隨機存取記憶體（Random-Access Memory）：電腦的短期記憶，應用

程式用來儲存暫時的資訊，如瀏覽器開啟哪些分頁。一般來說，RAM
越多，電腦的速度越快。

REST　一種流行的 API 形式，使用這種形式的 API 稱為 RESTful。

ROM　唯讀記憶體（Read-Only Memory）：燒錄於硬體的資訊，而且
通常不能被變更。當中儲存的資訊用來開啟電腦，也被稱為韌體
（firmware）。

SaaS　軟體即服務（Software-as-a-Service）：透過網路使用的軟體，這代表可
以在你的瀏覽器上使用這些軟體。谷歌文件是經典的例子。你通常需要
支付月費或者是年費就可以使用，而不需要付費下載這些軟體。

SDK　軟體開發套件（Software Development Kit）：一組用於幫助開發人員
在特定平台開發應用程式的工具，例如安卓或者是谷歌地圖。

SEO　搜尋引擎最佳化（Search Engine Optimization）：更改網站藉以在谷歌
搜尋上有較高的排名。如在頁面名稱與內容標題上填入適當的關鍵字。

SHA　一種廣為使用於加密與解密安全通訊的密碼演算法，SHA 有許多版
本，到本書寫作的當下，最新的版本的是 SHA-3。[20]

TCP　傳輸控制協定（Transmission Control Protocol）：將資訊資料切分成更
小單位的通訊協定，好更容易將資料在網路上傳遞。

TLD　結尾是 .com、.org 或者是 .gov 的網域名稱。每個國家有自己的
TLD，稱為「ccTLD」，如法國是 .fr，墨西哥是 .mx，而印度是 .in 等
等。

TLS　傳輸層安全性協定（Transport Layer Security）：加密網路上傳輸資料
的方式，可以避免駭客竊聽內容。用於 HTTPS。

UI　使用者介面（User Interface）：一種專注於使應用程式與網站美觀的設
計。處理色彩、字型與排版等等。通常與 UX 一起出現。

URL　一致資源定位器（Uniform Resource Location）：網址，如「https://

maps.google.com」或是「https://en.wikipedia.org/wiki/Llama」。

UX　使用者體驗（User Experience）：一種專注於使應用程式與網站便於使用的設計。處理網站與網頁的元件該如何排列。通常與 UI 一起出現。

商業面向

不是只有軟體開發人員有術語，科技公司內的其他商業部門，如行銷人與策略師也有他們偏好的術語。

B2B　企業對企業（Business-to-business）：一家公司的販售對象是其他公司，而非是像你我一樣的一般人的商業模式。某些著名的 B2B 科技公司，如 IBM，販售雲端運算服務給其他公司，以及如埃森哲（Accenture）提供其他公司科技建議。[21]

B2C　企業對消費者（Business-to-consumer）：販售對象是消費者的商業模式，換句話說，你可以從商店或者網路上購買到他們的商品。例如 Fibit、耐吉與福特公司都是 B2C。有些公司可以同時有 B2B 與 B2C 的商業模式。如可口可樂賣蘇打水給消費者，但是同時賣給大學、旅館與餐廳。[22] 微軟也同時賣 Office 給消費者與大型企業。

Bounce rate（跳出率）　訪客造訪你的應用程式或者是網站，但是沒有做什麼事情，如點擊，就離開的比率，稱為跳出率。高跳出率可能代表使用者對網站的內容沒有興趣。

Call-to-action, CTA（行動呼籲）　一個按鈕或者是連結提示訪客採取行動，如「加入我們的電子郵件清單」或者是「註冊我們的會議」。[23]

Churn rate（顧客流失率）　一家公司在一個時間區段內的客戶流失百分比。例如，如果有一千個人註冊 Office 365，但是只有七百五十個人續約，顧客流失率就是 25%。

Cost-Per-Click, CPC（每點擊成本）　網路廣告的常見形態，就如同在谷歌上所看到的廣告，每次有人點擊他們的廣告，就必須付費給谷歌。也稱為每點擊付費（Pay-Per-Click, PPC）。

Cost-Per-Mille, CPM（千次印象費用）　網路廣告的形態，當每一千人看到廣告，廣告就付出固定費用給廣告平台，如谷歌的搜尋結果頁面，也稱為按顯示付費（Pay-Per-Impression, PPI）。

Click-through rate（點閱率）　點閱率是點擊廣告的總人數，除以觀看廣告並且有機會點擊的人數的結果比例。換句話說，就是點擊廣告的可能性，這用來評量廣告是否成功。

Conversion（轉換率）　當使用者做了某些企業想要他們做的事情，行為是否準確就看該公司的目的。轉換率可以包含加入電子郵件清單、註冊帳號與購買商品。

Customer Relationship Management, CRM（顧客關係管理）　企業用來追蹤顧客與商業夥伴關係的軟體，企業可以追蹤電子郵件、開會紀錄以及其他資料。[24]

Funnel（漏斗）　用來隱喻潛在顧客群在達到轉換前的縮減情形。例如，假設一個電子商務網站有一千個訪客，但只有五百個人進行搜尋，然後有一百個人將商品放入購物車，只有五十個人真的購買。

Key Performance Indicator, KPI（關鍵績效指標）　公司用來追蹤產品、團隊與員工是否有好表現的衡量指標。例如，YouTube 的 KPI 可以包含使用者人數、影片數量與影片觀看數量。

Landing page（登陸頁面）　針對特定族群的小型頁面，通常會提供給訪客某些有用的事物，如電子書或者是電子郵件清單，用來交換使用者的聯絡資訊。從行銷的話語來講，即是使用來取得潛在客戶（lead）的標的方法。[25]

Lead（潛在客戶）　對使用服務或者是購買商品顯示出有興趣的人。行銷人員試著將陌生人轉為潛在客戶，然後將潛在客戶轉為顧客，這個過程稱為「集客式行銷」（inbound marketing）。[26]

Lifetime Value, LTV（終生價值）　顧客在與你維持關係的期間，可以讓你直接或間接賺多少錢，稱為終生價值。例如，一間大學書局認為學生在四年的就學期間，每年將會花費五百美元購買教科書，每個學生的終生價值是二千美元。一般來說，企業們只會對終生價值高於將其轉化為顧客的成本的人感興趣（也被稱為獲客成本〔customer acquisition cost, CAC〕）。[27]

Market penetration（市場滲透）　產品或者企業實際觸及目標市場的程度。例如，在美國有三千萬個青少年，[28] 假如一個以青少年為目標的社群網絡有六百萬個青少年使用者，就代表有 20% 的市場滲透。

Market segmentation（市場區隔）　將一個巨大且多元的市場細分為較少與較特定的市場。例如，一個公司可以將市場細分為性別、地點、興趣（也稱為「心理變數」〔psychographics〕）與收入（所謂的「行為」區隔的一部分）。[29]

Net Promoter Score, NPS（淨推薦分數）　衡量顧客滿意度的指標。顧客會被要求對產品或者是服務評分，分數從零分（非常厭惡）到十分（非常喜愛）。[30]

Return on Investment, ROI（投資報酬率）　一個專案的利潤與成本的比例。[31] 例如，你花費二千美元在一個宣傳上，結果售出二千六百美元的軟體。你的投資報酬率是 30%。投資報酬率是用於衡量「花的錢是否值得」。

Small and medium-sized businesses, SMBs（中小型企業）　一般來說，是指員工少於一千個人的企業。[32]

Value proposition（價值主張） 一個簡短的陳述，說明為什麼顧客會覺得產品有用。例如，在 2015 年，電子書網站 Scribd 使用的價值主張是「就好像閱讀世界上的每一本書」。[33]

Year-over-year, YoY（年增率） 比較去年與今年同期的變化指標。當指標有季節差異的時候，年增率就顯得有用處。例如，教育軟體的銷售在夏天總是比較差，所以如果比較 6 月與 3 月的銷售就沒有意義。換句話說，你應該比較去年 6 月的銷售。

科技公司內的角色

科技公司會雇用「一般」的專業人員，如行銷、執行長與人資；但是軟體的製作與實體產品不同，所以科技公司有特別的職位。讓我們快速看一下軟體產業內的角色。

Backend engineer（後端工程師） 處理資料與網站伺服器的軟體工程師。例如，臉書的後端工程師撰寫程式碼，讓臉書的超級電腦儲存數十億的照片與每天數十億的訪客。**也請參看軟體工程師。**

Data scientist（資料科學家） 資料科學家分析公司所擁有的資料（顧客、產品與使用等等），藉以提供資訊給公司研究商業策略與產品。

Designer（設計師） 設計師負責讓應用程式與網站美觀、實用，他們也負責設計如標誌、顏色與品牌。有很多類型的設計師，如 UI、UX、視覺與動畫等等。

Frontend engineer（前端工程師） 負責開發應用程式與網站當中，使用者看得到的部分的軟體工程師。例如臉書的前端工程師負責讓臉書的網站與應用程式看起來美觀並且運作正常。**也請參看軟體工程師。**

Product Manager, PM（產品經理） 產品經理的角色位在商業、設計與工程

師工作內容的交集當中。根據顧客與企業需求，產品經理決定要製造哪些產品（應用程式、網站或者是硬體）以及哪些功能是產品所應該有的，然後與工程師合作開發與推出產品。可以將他們想成是管弦樂團的指揮：他們幫團隊的不同部分一起合作來創作音樂（在這個案例是軟體）。

Product Marketing Manager, PMM（產品行銷經理）　更偏向行銷導向的產品經理，他們更專注於推出與行銷產品，而不是開發產品。

Quality Assurance engineers, QA（品質保證工程師）　這些工程師嚴格測試軟體與硬體，以找出問題與確保軟體牢靠。

Software engineer（軟體工程師）　撰寫程式碼與組建軟體的人。**也被稱為 SWE，軟體開發者，或者是 dev**。

謝辭

在我們開始寫書之後，很快就明白無法單靠自己完成──如同人們說的，需要依靠一大群人協力。在這裡，我們想要感謝在本書撰寫期間，所有提供支持、回饋與啟發的朋友與家人。

尼爾

非常感謝 Alaisha Sharma、Amy Zhao、Andrea Chen、Aron Szanto、Arpan Sarkar、Ivraj Seerha、Jeffrey He、Maitreyee Joshi、Menaka Narayanan、 Saim Raza、Sathvik Sudireddy、Sohum Pawar、Tara Mehta 與 Vishal Jain，他們給予本書建議與指導。我所有其他的朋友，忍受我一直不停地在討論本書。我也想感謝某些我的導師，啟發我使用自己的科技技術做些不一樣的事情：Jeff Meisel、Nick Sinai 與 William Greenlaw，以上我只是列出少數幾位。我超棒的共同作者阿迪與帕爾，也是我最好的朋友與同事之一。最後，我想要感謝我的父母，無論我做什麼，他們都給予無盡的支持。

帕爾

大大感謝我的朋友與家人幫助我完成本書。我想要特別感謝 Michelle Wang、Deborah Streeter、Jeremy Schifeling、Jack Keeley、Christina Gee、Stephanie Xu、Niketan Patel、Kevin Cole、Bradley Miles、Ivy Kuo、Krishna Detroja、Gabrielle Ennis、Adam Harrison、Winny Sun、Amanda Xu、William Stern、Samantha Haveson、Suleyman Demirel 與 Soundarya Balasubramani。 這些善良的人們提供寶貴的時間、技術、觀點與洞見，從內容、設計到行銷。我非常感謝有來自於這些超棒的朋友與家人的支持。

阿迪

我想要感謝每個耐心幫助我們的人──如果沒有他們的支持，我們無法完成本書。首先，真心感謝 Pam Silverstein、Peter Cortle、Nancy Chau 教授，與 Michael Roach 教授，熱情地鼓勵我們，分享我們的科技知識。接著，我想要感謝所有幫助我們檢視章節到封面設計的朋友──感謝 Michelle Jane、Lauren Stechschulte、Holly Deng、Eunu Song、Sai Naidu、Sandeep Gupta、Nivi Obla、Jenny Kim、Brian Gross、Eric Johnson 與 Eileen Dai。同時，也大聲感謝 Natsuko Suzuki 不辭辛勞地幫助我們設計書籍封面、網站與其他品牌設計。最後，感謝我家人在我寫作本書時所給予的支持與愛。

附註

關於技術和商業策略，你有太多內容要了解了，在本書中我們只是摸索表面。在這裡，我們提供在研究過程中使用的每個來源的網站連結。

為了不讓書太厚重，我們已將連結放在以下網站上：swipetounlock.com/notes/3.0.0/。 如果有某件事或觀點引起你的興趣，我們鼓勵你閱讀原始資料，並更深入地研究！

Google、臉書、微軟專家教你的66堂科技趨勢必修課

作者	尼爾·梅達、阿迪亞·加傑、帕爾·德托賈
譯者	劉榮樺
商周集團執行長	郭奕伶
視覺顧問	陳枻椿
商業周刊出版部	
總編輯	余幸娟
責任編輯	林雲
封面設計	bert
內頁排版	邱介惠
出版發行	城邦文化事業股份有限公司-商業周刊
地址	104台北市中山區民生東路二段141號4樓
	電話：(02)2505-6789　傳真：(02)2503-6399
讀者服務專線	(02)2510-8888
商周集團網站服務信箱	mailbox@bwnet.com.tw
劃撥帳號	50003033
戶名	英屬蓋曼群島商家庭傳媒股份有限公司城邦分公司
網站	www.businessweekly.com.tw
香港發行所	城邦（香港）出版集團有限公司
	香港灣仔駱克道193號東超商業中心1樓
	電話：（852）25086231　傳真：（852）25789337
	E-mail：hkcite@biznetvigator.com
製版印刷	中原造像股份有限公司
總經銷	聯合發行股份有限公司　電話：（02）2917-8022
初版 1 刷	2020年2月
初版 11.5 刷	2022年6月
定價	380元
ISBN	978-986-7778-95-6（平裝）

Swipe to Unlock: The Primer on Technology and Business Strategy
Copyright © 2017 Belle Applications, Inc.
by Neel Mehta, Aditya Agashe, and Parth Detroja
All rights reserved
Chinese translation rights published by arrangement with Business weekly, a division of Cite Publishing Limited.
版權所有，翻印必究
Printed in Taiwan（本書如有缺頁、破損或裝訂錯誤，請寄回更換）
商標聲明：本書所提及之各項產品，其權利屬各該公司所有。

國家圖書館出版品預行編目資料

Google、臉書、微軟專家教你的 66 堂科技趨勢必修課 / 尼爾．梅達(Neel Mehta), 阿迪亞．加傑(Aditya Agashe), 帕爾．德托賈(Parth Detroja) 著；劉榮樺譯 . -- 初版 . -- 臺北市：城邦商業周刊, 2020.02
　面；　公分
譯自：Swipe to unlock : the primer on technology and business strategy
ISBN 978-986-7778-95-6(平裝)

1.電腦科學 2.科學技術 3.通俗作品

108022226

藍學堂

學習・奇趣・輕鬆讀